ユージニア・チェン

上原ゆうこ 訳

数学教室 πの焼き方

日常生活の数学的思考

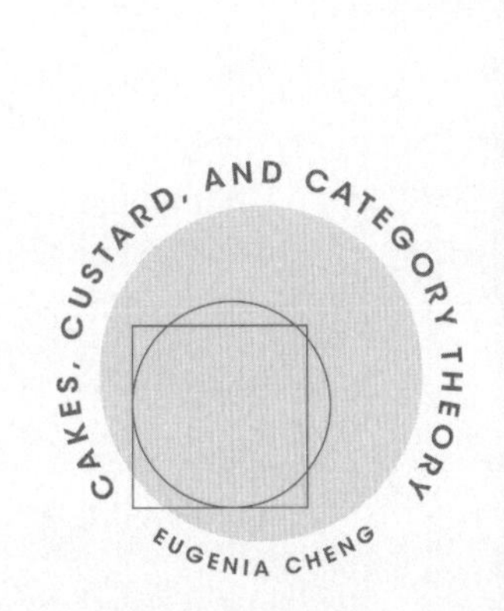

数学教室　πの焼き方

日常生活の数学的思考

両親とマリリン・ハイランドへ

クリスティーン・ペンブリッジの思い出に

目　次

数学は素晴らしい庭だといわれます。先生の案内がなければ、私はきっとその中で道に迷っていたでしょう。もっとも美しい進入路を通って私たちを案内してくださってありがとうございます。

著者への学生からの手紙より
シカゴ大学、2014年6月

はじめに

次に示すのはクロテッドクリームのレシピである。

【材料】

生クリーム

【作り方】

1. 生クリームを炊飯器に注ぎ入れる。
2. ふたを少し開けて、約8時間「保温」にしておく。
3. 冷蔵庫で約8時間冷やす。
4. 上の部分をすくい取る。これがクロテッドクリーム。

いったいこれのどこが数学と関係あるのだろう？

数学の神話

数学とは数についての学問である

あなたは炊飯器はご飯を炊くためのものだと思っているかもしれない。それは正しいが、同じ器具をクロテッドクリームを作る、野菜を料理する、チキンを蒸すといった、ほかのことに使うこともできる。同じように、数学は数を扱うが、ほかにも多くのことを扱う。

数学とは正しい答を得る方法についての学問である。

料理とは、材料を寄せ集めておいしい食べ物を作る方法にかかわることをいう。ちょうど材料が一種類しかないクロテッドクリームのレシピのように、材料よりも作り方の比重のほうが大きい——レシピ全体が作り方にすぎない——場合もある。数学は、考えを寄せ集めて斬新な考えを生み出す方法についての学問である。そして「材料」より方法の比重のほうが大きい場合もある。

数学は正しいか間違っているかのどちらかだ。

料理は失敗することがある。カスタードが凝固することもあれば、スフレが崩れることもあり、チキンが生焼けになり、みんなを食中毒にすることさえある。しかし、食中毒さえ引き起こさなければ、ほかのものよりおいしい食物もある。そして、料理を「失敗」したときに、偶然、おいしい新レシピを発明することもある。ふくらみがしぼんでしまったチョコレートスフレはとろりとおいしそうな濃い色をしている。クッキーを作るときにチョコレートを溶かすのを忘れたら、チョコレートチップクッキーができる。数学もこれに似ている。学校で $10 + 4 = 2$ と書けば間違っているといわれるだろうが、じつは時間のことをいうときのようにそれが正しい場合もある。実際、10時の4時間後は2時である。数学の世界は一部の人がいいたがるのより奇妙で不思議に満ちているのだ。

あなた、数学者？　きっととても賢いんでしょうね。

とても賢いといわれれば悪い気はしないが、この広く信じられている神話は人々が数学は難しいと考えていることを示している。ほとんど理解されていないのが、数学の目的は物事をよりやさしくすることだという事実である。問題はここにある。物事をよりやさしくする必要がある場合、最初は難しかったということになるのである。数学は難しいが、難しいことをより簡単にする。そしてじつは、数学は難しいことだから、数学も数学でより簡単になるのである。

多くの人が数学に尻込みするか、挫折するか、その両方である。あるいは、学校の授業で完全に数学嫌いになる。それは私にも理解できる。私は学校の授業で完全にスポーツ嫌いになって、決してなおることはなかったし、教師たちから、こんなにスポーツが下手な人間がいるなんて信じられないと思われていた。それでも現在、私はいたって健康で、ニューヨークマラソンを走ったことさえある。今は少なくとも体を動かすことのよさがわかるが、それでもまだどんな団体競技も大嫌いだ。

> 数学の研究って、どうやってするの？　新しい数を発見するなんてできないでしょ。

本書は、この質問に対する私の回答である。カクテルパーティで、陳腐に聞こえないように、時間をとりすぎず、集まった人々をあきれさせず、手短にこの質問に答えるのは難しい。そう、上品なパーティで人々をあきれさせる方法のひとつが、数学について話すことだ。

確かに新しい数を発見することなどできない。では、数学の世界で何か新しいことを発見できるのだろうか？　この「新しい数学」がどんなものになりそうか説明するには、まず数学とは何かということについての誤解をいくつか解く必要がある。じつは数学はたんに数に関することではなく、それどころかこれから書いていく数学の分野はぜんぜん数に関することではない。それは**圏論**と呼ばれ、「数学の数学」と考えることができる。それは関係、コンテキスト、プロセス、法則、構造、ケーキ、カスタードに関することだ。

そう、カスタードも。それは数学が類似性（アナロジー）を扱うからで、私はあらゆる種類のものとの類似を指摘して、数学がどんなものか説明するつもりだ。カスタード、ケーキ、パイ、ペーストリー、ドーナツ、ベーグル、マヨネーズ、ヨーグルト、ラザーニャ、スシも使う。

あなたが数学をどんなものだと思っていようと……今はそれを忘れてほしい。

それは変わることになる。

第1部
数学

第1章　数学とは何か

グルテンフリーのチョコレートブラウニー

【材料】

バター　115g
ビターチョコレート　125g
白砂糖　150g
ポテトフラワー　80g
卵　中2個

【作り方】

1. バターとチョコレートを溶かして混ぜ合わせ、少し冷ます。
2. 卵と砂糖を合わせてふわふわになるまで泡立てる。
3. これにチョコレートをゆっくり混ぜ込む。
4. ポテトフラワーを入れてさっくり混ぜ合わせる。
5. ごく小さな個別容器に入れ、180℃で約10分、好みの焼け具合になるまで焼く。

数学はレシピに似ている。どちらにも材料と方法がある。そして、作り方を省略すればレシピがあまり役に立たないものになってしまうように、数学が**何を**研究するかだけでなく、**どのように**するかについて話さなければ、数学とは何かということを理解してもらえないだろう。ちなみに、上のレシピに書いてある作り方の通りにすることは非常に重要で、アレンジして大きなトレイを使ったりするとあまりうまく焼けない。そして数学ではさらに、方法が材料より重要である。数学はきっと、学校の「数学」と呼ばれる授業であなたが学んだようなことではない。私はずいぶん前から、私たちが学校でしていることは本当の数学ではないということになんとなく気づいていた。では、数学とは何なのだろう？

レシピ本

道具によってレシピを整理するとどうなるだろう？

料理は、何を料理するか決め、材料を買い、それを料理するという手順で進められることが多い。だが、ときには別のやり方をすることもある。店や市場を歩きまわって、よさそうな材料をさがし、これだと思ったもので食事を作るのだ。特別新鮮な魚があるかもしれないし、これまで見たこともないようなキノコが手に入るかもしれない。そして家に帰ったあとで、それで何を作ったらいいか調べるのである。

ときにはまったく違う事態になることもある。新しい道具を買って、突然、その道具でありとあらゆるものを作ってみたくなるのだ。ミキサーを買って、突如としてスープ、スムージー、アイスクリームを作るかもしれない。それでマッシュポテトを作ってみたら、（糊のようになって）大失敗するかもしれない。もしかしたらスロークッカーを買うかもしれない。蒸し器かもしれない。炊飯器かも。ひょっとしたら、卵の黄身と白身を分けたり、バターを澄ませたりする新しいテクニックを覚えて、その新しいテクニックを使って、できるかぎりたくさんのものを作りたくなるかもしれない。

このように料理へのアプローチは２種類あるが、一方が他方よりずっと実際的に思える。たいていのレシピ本は、テクニックではなく、食事のパートによって分けられている。前菜の章、スープの章、魚の章、肉の章、デザートの章といった具合である。たとえばチョコレートのレシピの章や野菜のレシピの章のように、ひとつの章がまるごとひとつの材料にさかれていることもある。場合によっては、章全体がたとえばクリスマスランチのような特定の食事にあてられている。しかし、「ゴムべらを使うレシピ」や「泡立て器を使うレシピ」の章がある本は非常に珍しい。とはいっても、台所小物にその新しい道具で作れるレシピを集めた便利な本がついていることも多い。ミキサーにはミキサーのレシピがついていて、スロークッカーやアイスクリームメーカーにもそれぞれのレシピがついている。

似たようなことが研究の対象にもいえる。普通、研究対象は何か述べるとき、研究しているものによってそれを表現する。鳥を研究しているかもしれないし、植物、食物、料理、あるいは髪の切り方、過去に起こったこと、社会がどこに向かっているかといったことかもしれない。いったん何を研究するか決めたら、それを研究する手法を学ぶか、それを研究するための新しい手法を考案する。それはちょうど卵白を泡立てたりバターを澄ませたりする方法を覚えるのと似ている。

しかし、数学の場合、研究対象は使う手法によっても決まってくる。これは、ミキサーを買ってから、それで何を作れるか考えをめぐらすのと似ている。この手順により、ほかの対象をいくらか排除することになる。普通、私たちが使う手法は「何を研究しているか」によって決まる。そして普通、「何を食べたいか」決めたのち、それを作るための道具を取り出す。しかし、新しいミキサーにわくわくしているとき、私たちはしばらくは食事をすべてこれで作ろうとする（少なくともそうする人を見たことがある）。

それはいわばニワトリが先か卵が先かの問題であるが、数学は物事を研究するのに用いる手法によって規定され、数学の研究対象はそうした手法によって決まってくるということについて話していこうと思う。

キュービズム

様式が内容の選択に影響を及ぼすとき

使用する手法によって数学を特徴づけるのは、キュービズムか点描画法か印象派かというように芸術の様式を規定するのに似ており、芸術のジャンルは対象ではなく手法によって規定される。あるいはバレエやオペラでは芸術の様式が方法によって規定され、当然、対象物となるものが制限される。バレエは感情表現の面では非常に大きな力をもっているが、意見を表明したり政治改革の要求をしたりするのは得意ではない。キュービズムは昆虫を描くのにはあまり向いていない。交響曲は悲しみや喜びの表現はうまくできるが、「塩を取っていただけますか」と頼むのはあまり得意ではない。

数学で使う手法は**論理**である。そして、純粋な論理的推論だけを用いる必要がある。実験でも物的証拠でもなく、盲信や希望や民主主義や暴力でもなく、論理だけを用いるのである。では、何を研究するのか？　**論理のルールに従うものなら何でも**だ。

> **数学は、論理のルールに従うあらゆることを論理のルールを使って研究する学問である。**

これはいささか単純すぎる定義だといわれれば、確かにそうである。しかし、読み進めるうちに、なぜこれがある程度は正確で、最初に思ったほど遠まわしでなく、まさしく圏論の研究者がいいそうなことだとわかってもらえると思う。

首相

それが何をするかによって特徴づける

誰かに「首相は誰？」と尋ねられて、「政府の長」と答えたとする。それは正しいが的外れで、本当に適切に答えてはいない。首相が誰であるかいわずに、首相の特徴づけをしているからである。同様に、私がした数学の「定義」は、数学とは何であるかいうのでなく、数学の**特徴づけ**をしている。これは少し不親切、あるいは少し不完全である。しかし、それがまさに最初の一歩なのである。

数学が何に**似て**いるか説明するのではなく、数学とは何**である**か述べることはできるだろうか。数学は実際に何を研究するのだろう。数を研究するのは確かだが、ほかに形、グラフ、パターンのようなもの、そして目に見えないもの ── 論理的な考え ── も研究する。そしてまだある。まだそれについて知られてさえいないものだ。数学が成長し続けている理由のひとつが、いったんひとつの手法を手に入れたら、それで研究できることがつねにもっと見つかり、するとそれらのことを研究するために用いられる手法がさらに見つかり、するとその新しい手法で研究できることがさらに見つかり……と続くことである。それはニワトリが卵を産み、それからヒヨコが孵化して、それが卵を産み、それからヒヨコが……というのとちょっと似ている。

山

ひとつ征服すれば、さらに高いものが見える

丘の上に登っても、こんどはその向こうにもっと高い丘が見えるだけ、という感じをご存知だろうか。数学もそれに似ている。進めば進むほど、研究すべきことが現れるのである。大まかにいってそれが起こる道筋はふたつある。

ひとつは「抽象化」のプロセスである。そのままでは論理で扱えないことについて論理的に考えるにはどうしたらよいだろう。それはたとえば、以前は炊飯器ではご飯を炊くだけだったのに、炊飯器でケーキを作れるようになるのに似ている。オーブンを使って普通の方法で作ったケーキと炊飯器で作ったケーキはほんの少ししか違わない。それと同じように以前は数学ではなかったことを取り上げ、見方を変えてそれを数学にする。それがxとyが出てくるようになる理由である。最初は数について考えているが、そのうち数でしていることがほかのものでも同じようにできることがわかってくるのである。それが次章のテーマである。

もうひとつは「一般化[1]」のプロセスである。すでに理解していることからもっと複雑なことを組み立てるにはどうしたらよいだろう。これは、ミキサーでケーキを作り、ミキサーでアイシングを作り、そしてそれをみな積み重ねるのに似ている。数学ではそれは、数、三角形、日常の世界のような比較的単純なものを離れて、多項式や行列のようなもの、複雑な形、四次元空間などを理解するときのやり方である。これについては第5章で見ていく。

この抽象化と一般化というふたつのプロセスは、このあとのいくつかの章のテーマであるが、まず、数学がこのふたつをどのように行なっているかをめぐる奇妙で不思議なことに注目していきたい。

鳥

鳥学と同じではない

少しの間、自分が鳥の研究者だと仮定してみてほしい。鳥の行動や、鳥が何を食べ、どうやってつがい、どのように雛の世話をし、どのように食物を消化するかといったことを研究しているとしよう。しかし、より単純な鳥から新しい鳥を生み出すことは決してできないだろう。鳥はそういうふうにはできていないのである。そのため、少なくとも数学でしているようなやり方で一般化をすることはできない。

1　数学でいう一般化は物事について大雑把に概括する場合のような一般化と同じではないが、これについてはあとで触れる。

鳥でないものをもってきて、奇跡を起こしてそれを鳥に変えることもやはりできない。このため、抽象化もできない。ときには分類を誤っていたことに気づくこともある。たとえばブロントサウルスはアパトサウルスの一種に「なった」。しかし、ブロントサウルスがアパトサウルスに変えられたわけではない。最初からずっとそうだったことに気づいただけである。私たちは魔法使いではないのだから、何かを別のものに変えることはできない。だが、数学ではできる。それは、数学が実在する物ではなくものの考え方についての研究だからである。そのため、研究対象を変えるには頭の中の観念を変えさえすればよい。多くの場合、これは何かについての考え方を変える、視点を変える、あるいはその表現の仕方を変えることを意味する。

数学の場合の例が結び目である。

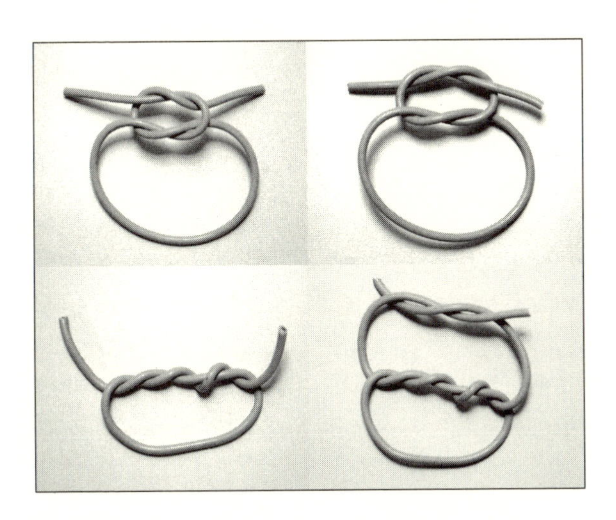

18 〜 19 世紀に、ヴァンデルモンド、ガウス、そのほかの人々が結び目を数学的に考える方法を考えつき、論理のルールを用いて結び目を研究できるようになった。その考え方はというと、想像上で、閉じた輪になるように紐の両端をつなぐ。こうすると接着剤なしに結び目

を作るのは不可能になるが、数学的推論はずっと容易になる。いずれも３次元空間に配置された円として表現できるのである。**位相幾何学**の分野ではこの種のものを扱う手法が数多くある。位相幾何学についてはあとで再度取り上げる。こうすると、現実の紐の結び目についてだけでなく、分子構造上、自然に生じることが明らかに不可能なものについても推測することができる。

幾何学的図形もやはり「現実」の世界のものを「数学」の世界のものに変えるこのプロセスの、ずっと古い例である。

数学は次のような段階を踏んで発展したと考えることができる。

(1) それは数の研究として始まった。
(2) 数を研究するための手法が開発された。
(3) 人々は、そうした手法がほかのものを研究するのに使えることに気づき始めた。
(4) 人々は、ほかにも同じように研究できるものがないかさがすようになった。

実際には、数の研究の前にステップ０がある。まず、誰かが数の概念を発見しなければならないのである。私たちは数を数学で研究できるもっとも基本的なものと考えるが、数の前に時間があった。おそらく数の発明が最初の**抽象化**のプロセスだったのだろう。

私がこれから話すのは、抽象数学についての話である。その力と美しさは、それがもたらす答やそれが解く問題にあるのではなく、それが放つ**光**にあることを論じていく。この光のおかげではっきりと見えるようになり、それがまわりの世界を理解するための最初の一歩なのである。

第2章　抽象化

マヨネーズまたはオランデーズソース

【材料】

卵黄2個
オリーブオイル　300ml
シーズニング

【作り方】

1. 卵黄とシーズニングを泡立て器またはハンドミキサーでかき混ぜる。
2. 撹拌を続けながら、オリーブオイルをごくゆっくりとたらし入れる。オランデーズソースの場合は、オリーブオイルの代わりに溶かしバター100グラムを使う。

ある段階まではマヨネーズとオランデーズソースは同じである。作り方は同じだが、卵黄に加える脂肪の種類が違うのである。どちらの場合も、卵黄の手品のような驚くべき性質によって豊かで滑らかな物質が生まれる。それは本当に手品に似ていて、私は決して見飽きることがない。

マヨネーズとオランデーズソースの類似性は、数学がさがし求める、細かなところは別として物事がある程度同じシチュエーションの例といえる。こうすれば両方のやり方を一度に理解できて手間がはぶける。本にはオランデーズソースは別のやり方をする必要があると書かれているかもしれないが、話を単純にするため、そうしたことは無視する。

数学も、細かいことをいくつか無視すれば同じに見えることを見つけて、物事を単純化する。

パイ
青写真としての抽象化

コテージパイ、シェパーズパイ、フィッシャーマンズパイはみな、ほとんど同じものである。唯一の違いは、マッシュポテトのトッピングの下にあるフィリングである。クランブルも非常によく似ており、さまざまな種類のクランブルにそれぞれ違うレシピが必要というわけでなく、知る必要があるのはクランブル生地（そぼろ）の作り方だけである。作ったら、好きな果物を皿に敷きつめ、上にクランブル生地をのせて焼くのである。

私のもうひとつの好物がアップサイドダウンケーキだ。ケーキの焼き型の底に果物を入れて、上にケーキミックスを注ぎ、それを焼いたのちにひっくり返して果物が上に来るようにする。さらにおいしくするため、最初に焼き型の底に溶かしバターと黒砂糖を入れておいて、果物を少しカラメルでおおってもよい。もちろんこれは、バナナ、リンゴ、セイヨウナシ、プラムなど、いくつかの果物でほかのものよりうまくいく。ブドウはあまりよくない。スイカではひどいことになる。同じことはクランブルにもいえる。スイカクランブル？　それはないだろう。

セイボリータルトとキッシュも一般的パターンに従う。空のペーストリーケースを焼いて何か好きなフィリングを入れたのち、その上に卵と牛乳かクリームを混ぜ合わせたものをのせてからもう一度焼く。フィリングはベーコンとチーズ、あるいは魚、野菜など、何でも入れたいものを入れればよい。

これらすべてにいえるのは、その「レシピ」は完全なレシピではなく「青写真」だということである。常識の範囲内で好きな果物、肉、あるいはさまざまなフィリングを入れて、自分なりに変化をつけることができる。

これも数学のやり方である。数学の考え方は、物事の間の類似性をさがして、多くの異なるシチュエーションに使える「レシピ」がひとつあればよいようにすることである。重要なのは、いくつか細かいことを無視すればシチュエーションを理解しやすくなるということで、あとで変数に代入すればよい。これが抽象化のプロセスである。

スイカクランブルの場合のように、抽象的な「レシピ」ができてもそれを**あらゆるもの**に適用できるわけではない。しかし、少なくとも試してみることはでき、ときには同じレシピで結果的に驚くようなものがうまくいく場合もある。

正三角形の対称について考えてみよう。

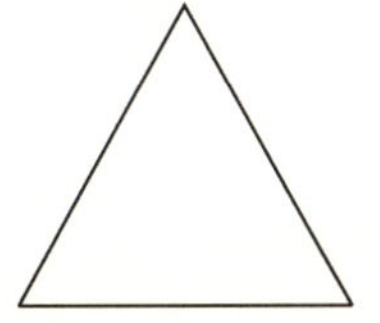

対称には鏡映対称と回転対称がある。三角形を切って折りたたんだり回したりせずに異なる対象性を表現するにはどうしたらよいだろう。

ひとつの方法は各頂点に 1、2、3 と番号をつけるやり方で、

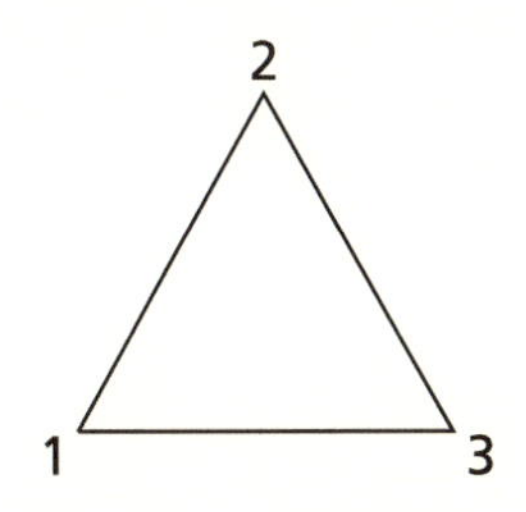

その番号が入れ替わる様子を述べればよい。たとえば三角形を垂線で反転させれば、1と3が入れ替わる。三角形を120°右回りに回転させれば、2があったところに1、3があったところに2、1があったところに3がくる。

三角形の6つの対称が、1、2、3の番号を入れ替える6つの異なるやり方に正確に対応していることを確認してもよい。対称軸は3本あり、それぞれ1と3、1と2、2と3の入れ替えに対応している。回転対称には120°右回り、240°右回り、何も動かない「自明」の3種類がある。

これは、正三角形の対称が**抽象的**には1、2、3という数の順列と同じで、ふたつのシチュエーションを同時に研究できることを示している。

散らかった台所

必要でないものを片づける抽象化

抽象化は料理の支度をするようなもので、そのレシピに必要ない器具や材料を片づけて台所をあまり散らかっていない状態にするのに似ている。それは、当面の目的に必要ない考えを捨てて、**脳**の散らかりようを少なくするプロセスである。

台所と脳で、どちらのほうがうまくできるだろう（私は絶対に脳のほうがうまくできる）。抽象化は数学をするための重要な第一歩である。だが、それによって現実から少し遠ざかるため、落ち着かない気分になるかもしれない。私は決してフードプロセッサーを片づけないが、それは動かすのが面倒で、わざわざ戸棚から取り出さなくてもいつでも使えるようにしておきたいからである。脳での抽象化についても同じように思う人もいるだろう。

次の問題を考えてみよう。

1枚36ペンスの切手を2枚買う。いくらかかるか？

子どもが小学校でこの種の問題を解く場合、「文章題」と呼ばれることがある。それはこの問題が文章で問われているからで、この「文章題」を解く最初のステップとして、それを数字と記号に置き換えなさいと教えられる。

$36 \times 2 = ?$

これが抽象化のプロセスである。ここで買っているものが**切手**であるという事実を捨て去る、つまり無視したのは、それが答に何の違いももたらさないからである。リンゴでもバナナでもサルでもよかったのだ。それでも合計は同じで、したがって答はやはり同じ72である。

次の問題だとどうだろう。

父の年齢は今は私の3倍だが、10年たてば私の2倍になる。私は何歳か？

それでは次のような問題だとどうだろう。

6インチ（約15センチメートル）のケーキの上面と側面にアイシングをかけるレシピはもっている。8インチ（約20センチメートル）のケーキの上面と側面にかけるにはどれだけの量のアイシングが必要か？

切手についての問題では、あなたにも答はすぐわかり、おそらく合計を求める手順を書き出す必要はなかっただろう。しかし、あとのふたつの問題については、答を出すためにきっといくらか抽象化をする必要があるだろう。父親あるいはケーキとアイシングについて話しているという事実を捨て去り、数と記号で書いて答を求めるのである。本章のもう少しあとの部分で、これら文章題の答をどうやって求めるか見ていく。

お菓子

現実的すぎるものは数学に従わない

小さな子どもに算数を教えようとしたことのある人なら、次のような問題を出したことがあるかもしれない。実生活の一場面について考えさせようとする問題である。

> **おばあちゃんからお菓子を５個もらい、おじいちゃんから５個もらったら、もっているお菓子は何個でしょう？**

そして子どもが答える。「1 個もないよ。みんな食べちゃうもの」

ここで問題なのは、お菓子が論理のルールに従わず、そのためそれを扱うのに数学を用いてもあまりうまくいかないことである。お菓子を論理に従わせることができるだろうか。「……そして、あなたはそのお菓子を食べてはいけません」と付け加えて、ルールを追加すればよい。食べてはいけないのなら、それがお菓子であることの意味は何だろうという疑問が生じるが。それはさておき、こうすればお菓子をお菓子ではなく、ただの**もの**として扱うことができる。現実との類似性はいくらか失われるが、有効範囲が広がるとともに扱いを効率化できるのである。数は、考えている「もの」によって論法を変えなくても「もの」について推論できるという特質をもっている。いったん 2 ＋ 2 ＝ 4 であることがわかれば、それがお菓子、サル、ウマ、そのほか何であれ、ふたつともうふたつで 4 つになることがわかる。これが抽象化のプロセスである。お菓子、サル、ウマ、あるいは何でもよいが、それから数への抽象化がなされたのである。

数は非常に基本的なもので、数がない生活を想像するのは難しく、数の発明の過程を想像するのも難しい。私たちは、ものを数えるときに自分が抽象化という飛躍をしていることに気づいてさえいない。小さな子どもが数を数えるのに悪戦苦闘しているのを見たら、そのことがずっとよくわかり、それは子どもはまだそのような飛躍をするのに慣れていないからである。

イーニー ミーニー マイニー モー

抽象概念としての数

私が手伝っていた小学校にいた、ある元気のいい母親のことをおぼえている。彼女も学校を手伝っていて、ほかの母親たちが競って**自分の**子どもは20まで数えられるとか30まで数えられるとかいっているとき、いかに苛立たしく感じるか話した。そして、「私の息子が数えられるのは3までよ。でも、3が何なのか知っているわ」と、挑戦するようにいった。

そしてそれは核心をついていた。

子どもが初めて「10まで数えられるようになった」としても、じつは「インシー ウィンシー スパイダー クロールド アップ ザ スパウト……」[英語の童謡の歌詞で、「クモのインシーウィンシーが雨どいをのぼっていった」という意味]のような短い歌詞を暗誦できるようになったのとさして違わない。たまたまその短い「詩」が次のようなものだっただけのことである。

ワン、ツー、スリー、フォー、ファイブ、シックス、……

その後、子どもたちは、これがものを指差すことと関係があるということを覚えて、「詩」を暗唱しながらでたらめに指差し始める。

そして次に、詩の言葉ごとにひとつのものを指すことになっているのを覚えるが、それぞれ1回だけ指差すようにするのに悪戦苦闘し、したがって「この絵にはアヒルが何羽いるでしょう？」と尋ねてみると、そのたびに違う答をいうのである。あるいは本当は何羽アヒルがいようと特定の数──たとえば6──ばかりいい、何でも6と数えるのだけはなんとかうまくできる場合もある。

だが最後には、物を詩の言葉と1語につきひとつ、多すぎることも少なすぎることもなく正確に対応づけるのを期待されていることを理解する。これで**本当に**数の数え方を知ったことになる。これは抽象化、それも驚くほど高度な抽象化のプロセスである。

数え方を知らずに取引をしようとしたらどうなるか想像してみてほしい。「やあ、あんたのヒツジとおれの穀物を1頭あたり1袋で交換しようじゃないか」と声をかけ、行ってヒツジのそばに穀物の袋を並べ、本当にヒツジ1頭あたり1袋になっているか確かめる。だがやがて、ヒツジを指差しながらリズミカルに短い詩を唱え、穀物の袋についても同じようにするほうが実際的だと思いつく。詩は、ヒツジと穀物で正確に同じように唱えるかぎり、何でもよい。「イーニー ミーニー マイニー モー」［「どちらにしようかな 天の神様のいう通り」と同じような子どもの歌］でもかまわない。

ついには、すべての取引に使う詩をひとつ作ってしまって、そればかりを唱えるようになる。これで突如、数が発明されたことになる。それは、私たちが「数え方を覚える」ときに気づきもせずにやっている抽象化のプロセスである。つまり、たんに「いち、に、さん、し……」という詩を覚えるのと、その使い方を理解することには大きな違いがあるのである。

赤ちゃんとたらいの水

あまり片づけすぎないように注意すること

「たらいの水と一緒に赤子も流してしまう」という諺があるが、いらないものを捨てようとして肝心なものまで失わないようにすることが大切である。シチュエーションを単純化したり理想化したりしたいとき、**単純化のしすぎ**をしないように注意しなくてはならない。対象をその有用な特徴がすべて失われるところまで単純化してはならないのである。たとえばレゴブロックを積む場合のことを考えると、何色をしているかは無視できるが、どのサイズかということは積めるかどうかに影響を及ぼすため無視してはいけない。しかし、たんにブロックを数えるといった別のシチュエーションでは、サイズも無視できる。

どの特性を無視してよいかは、どんなコンテキストについて考えているかに大きく依存するはずである。このテーマについては、あとで再び詳しく述べる。圏論ではコンテキストを前面に出す。

100人が参加する遠足を計画していて、それぞれ15人乗せることのできるミニバスをチャーターするとしよう。ミニバスは何台必要か？　この場合、基本的に次の計算をする必要がある。

$$100 \div 15 \approx 6.7$$

しかしこのとき、コンテキストを考慮に入れなければならない。ミニバスを0.7台予約できないため、切り上げて7台にする必要があるのだ。

＊＊＊

今度は違うコンテキストについて考えてみよう。友人に郵便でチョコレートを送りたいと思っており、ファーストクラス切手［イギリスの翌日配達用の切手］で100グラムまで送ることができるとする。チョコレートはひとつ15グラムである。

では、チョコレートを何個送ることができるか？　この場合も、まず同じ計算をしなくてはならない。

$$100 \div 15 \approx 6.7$$

しかし、このコンテキストでは答が違ってくる。チョコレートを0.7個送るとができないため、切り**捨て**て6個にする必要があるのだ。

失恋

単純化という抽象化

大失恋をしたあとで友人たちが、悪気はないのだが、正確に何が起こったのか「理解」しようとして根掘り葉掘り尋ねてきて、うんざりしたことがある。最後に、ひとりの賢い友人から、「本当にとても単純なこと。あなた、愛するものを失ってしまったのね」といわれた。この場合、誰にとっても知る必要があるのはそれだけだったのだ。それから彼女はうまく私を長いおしゃべりに誘い込み、そんなことをしたら頭が悪そうに見えると思う人がいるかもしれないが、物事を複雑にするより単純にできるほうが本当に知的なのだという話になった。「単純な」ものと「過度に単純化した」ものとでは微妙な違いがあり、後者は論点がずれていて重要な問題を無視していることを意味する。

友人の名言は一種の抽象化で、失恋をまさにその本質にまで抽象化している。抽象化によって現実からどんどん離れているように思えるかもしれないが、じつは物事の核心へどんどん近づいている。核心に至るには、服も皮膚も、肉も骨も取り去らなくてはならない。

道路標識

理想化したもののスケッチという抽象化

道路標識は一種の抽象化である。道路で起こっていることをそのまま描いているわけではなく、エッセンスだけをとらえた、理想化した形でそれを表現している。すべての太鼓橋が正確に次の図のように見えるわけではない[2]。

しかし、これは太鼓橋の本質を捉えている。同じように、道路を渡る子どもがみな次の図のように見えるわけではない。

2　道路標識のイメージはイギリス国家著作権の対象で、オープンガバメントライセンス［イギリス政府が制定した公共情報に関するライセンスで、利用者は出典を明示することによりコピーや公開などの自由を保証されている］の下でコピーされている。

それでも、この方式のメリットは明白である。車を運転しながらいくつか単語を読むより、記号のほうがずっと早く認識できる。外国人にとってもずっと理解しやすい。欠点は、運転を始める前に、これらの奇妙な記号が何を意味するのかすべて覚えなければならないことである。たとえば、中には次のようなものもある。

これは、たとえば次のようなものに比べればずっと現実に近い。

この「進入禁止」のマークは完全に抽象的である。それが表しているものにまったく似ていない（そもそも「進入禁止」はどんな姿をし

ているのだろう)。しかし、このほうが重要でもある。おそらく、運転しているときには、シカが道路を渡るかもしれないと警告する標識より、こちらのほうをよく見かけるだろう。

数学の抽象化の副作用のひとつが、同じような理由で、さまざまな奇妙な記号が使われていることである。いったんそれらが何を意味するのかわかれば、これらの記号はずっと早く認識でき、数学的知力を集中すべき数学のもっと複雑な部分に振り向けられる。また、言葉の違いを超えて数学が理解しやすくなり、知らない言語の数学の本でも驚くほど容易に読める。

数学で使われる「奇妙な記号」でもっとも基本的なものは、通常の算術のための+、−、×、÷、=である。これらの記号に慣れれば、「2足す2は4」よりも次の式のほうがずっと素早く簡単に読むことができる。

$$2 + 2 = 4$$

数学がどんどん複雑になるにつれて記号もどんどん複雑になり、次のようなものができた。

$$\Sigma、\int、\oint、\otimes、\Leftrightarrow、\models、\cdots$$

これら比較的複雑な記号が何を意味するのか、ここでは説明しない。使用されている記号について漠然と把握してもらうために示したのである。道路標識と同様、最初はそのせいで数学が少しわかりにくく見えるが、長期的にはより簡単になる。

Googleマップ

地図と現実を関係づけることの難しさ

地図を読むことの何が難しいのだろう。難しいのは地図を読む行為ではなく、地図を実際に利用するために現実と対応づけることだ。地図は現実を抽象化したもので、道を見つけるのに役立つと考えられる現実のいくつかの側面が描かれている。実際に使うときに難しいのは、抽象と現実を置き換えることだ。つまり、地図と実際に歩きまわっている場所とを結びつけるのが難しいのである。

Googleマップは、GoogleストリートビューとGPSによって抽象から具体物へ移る見事な方法を提供している。多くの場合、地図の利用に関してもっとも難しい部分は、次のふたつの問題の答を得ることである。

(*a*) まず、自分はどこにいて、
(*b*) どの道に面しているのか。

このふたつは、地図と現実の間の重要な基点である。GPSは自分がどこにいるのか知るという問題を解決し、Googleストリートビューは実際の写真を用いて現実を非常に写実的に表現することにより、どの道に面しているのかという問題を解決した。

数学もこうしたステップを踏む必要がある。まず、現実を抽象概念に置き換えなくてはならない。それから抽象の世界で論理的推論を行なう。そして最後に、それを再び現実に戻してやらなければならない。このプロセスのうちどの部分が得意かは人それぞれ異なる。しかし本当に重要なのは抽象と現実を行ったりきたりできることである。それでもやはり、**誰かが地図を描いていなければならない**。

たとえば1辺8インチの正方形のケーキのレシピをもっているが、正方形ではなくて円形のケーキを作りたいとしよう。どの大きさの円形のケーキ型を使えばよいだろう。まず、抽象化を実行して、この「実生活」の問題をひとつの数学的手順に変換する。ここでは、$8^2 = 64$ という特定の正方形の面積と同じ面積の円を見つけたい。そこで、半径を r とすると円の面積は πr^2 であることを思い出す必要がある。（ケーキ型は半径でなく直径で計られるので）円の直径を d と書けば、次のようになる。

$$\pi\left(\frac{d}{2}\right)^2 = 64$$

ここで私たちは実際に論理的推論を行ない、代数を操って直径 d がいくらでなければならないか求める。この部分が唯一、本当に数学である。

$$\left(\frac{d}{2}\right)^2 = \frac{64}{\pi}$$

$$\frac{d}{2} = \sqrt{\frac{64}{\pi}}$$

$$d = 2 \times \sqrt{\frac{64}{\pi}}$$

$$\approx \pm 9.027$$

最後に、コンテキストを考慮して、これを現実に戻す。まず、ここではケーキ型について考えているのだから、負の答はいらないので、答は正の数である必要がある。次に、小数点以下はすべて必要ない（ケーキ型は普通、インチ単位でしか測らない）。このため実際には、9インチの円形のケーキ型が必要というのが答になる。

数学、そして地図で重要なのは、与えられた場面に最適な抽象化レベルを見つけることである。市街地図を見ているときに、通りにあるすべてのビルの小さな絵が必要だろうか。芝生がどこにあってどこにないか知る必要があるだろうか。それは地図を何のために使っているかによって変わり、状況に応じて異なる地図が必要である。車を運転しているときなら、どの通りが一方通行か知りたいと思うだろうが、徒歩の場合はあまり意味がない。同じことが数学にもいえる。シチュエーションが違えば有効な抽象化レベルも違ってくるのである。

1という数は何だろう？　この問いには、抽象化のレベルが異なるふたつの答え方がある。

第1の答：1は数を数えるときの基本単位である。
第2の答：1はそれを掛けても何も変わらないという性質をもつ唯一の数である。

ふたつの答はそれぞれ異なるコンテキストで有効である。第1の答は数を加算することにもっとも関心がある場合のもので、数学的にいえば、これは数を「群」と呼ばれるもの──足し算ができる世界──とみなしている。第2の答は掛け算にも関心があるときのもので、数を「環」と呼ばれるもの──足し算と掛け算ができる世界──とみなしている。群の研究は形の対称性とかかわりがあり、環の研究は幾何学のほかの側面とかかわりがある。これについては、あとで再度触れる。

自分が置かれた状況に適していない地図を使うと、現実的過ぎるか十分に現実的でないかのどちらかで、不満を感じるだろう（3次元の建物の絵があるような市街地図は、通りがどこへ通じるか示す線がかえってわかりにくく、私は好きではない）。

同じことが数学にもいえる。複雑な数学をそれを必要としない状況で使えば、数学が無意味なものに思えるだろう。本を20冊しかもっていないのにデューイ十進分類法［図書館などで使われるM・デューイ考案の図書分類法］を使うのにちょっと似ている。

走り高跳び

抽象化の飛躍

　私は学生時代に走り高跳びがとても苦手だった。前にもすべてのスポーツが苦手だと述べたが、なかでも走り高跳びは、始める前に挫折してしまった。一番低いバーさえ飛び越えることができなかったのだ。問題は、そのバーを越えるために何が必要か誰も教えてくれようとしなかったことだ。クラスのほかの生徒はたちどころにそれができ、できなかった生徒もただもう一度やるようにいわれるだけだった。もう一度、もう一度。人が見ている前で、幻滅を感じてやめたくてたまらないと思わずに高跳びのバーを落とすことなど、そう何度もできるものではない。

　どんどん抽象化が進む概念について考えるのは、ちょっと高跳びに似ている。しだいに高くなるバーを越えなければならず、やり方を誰も説明してくれなかったら、バーを落とし続けて、あきらめたくなるだろう。ちょうど高跳びでバーの高さごとに何人かずつ抜けていくように、人はそれぞれ異なるレベルで抽象化の限界に達する。

　たいていの人が**物**から**数**への抽象化をすることができ、それが抽象化のプロセスだとまったく気づいていないことさえある。多くの人が自分はもうそのバーを越えることができないと思うひとつのレベルが、数を x と y に置き換えるところである。彼らはそれができず、それをする意味もわからず、そのため幻滅してあきらめる（私は走り高跳びの意味もわからなかったが、今では「背面跳び」が可能なかぎり効率的に体にバーを越えさせることのできる十分に洗練された方法だということを知っている。あのとき、誰かが私に重心が**バーを越える必要さえない**ことを説明してくれていたら、私はもっと興味をもっていただろう）。

　もうひとつ、人々がよく抽象化の限界レベルに達するのが微積分で、これは「無限に小さな」ものを扱い推論する、まったく新しい馴染みのない――率直にいうといくぶん卑怯な――やり方である。厳密な微積分をなんとか理解する人もいるが、残念ながら数学の学士課程の半ば、あるいは博士課程の途中で限界に達する。

厳密な微積分は、たいていの場合、大学で数学をする人だけが遭遇するものである。人々がそれを難しいと思うのは、数学とは何であるかということについての彼らの考え――物事を明確にし、大きな確信をもって答を得る――に合致しないからである。

学校の微積分は普通、「$y = x^2$ のグラフを描き、$x = 0$ から $x = 2$ まで曲線の下の部分を網がけにすると、その面積はいくらになるか?」といった具体的な問いへの答えで構成されている。

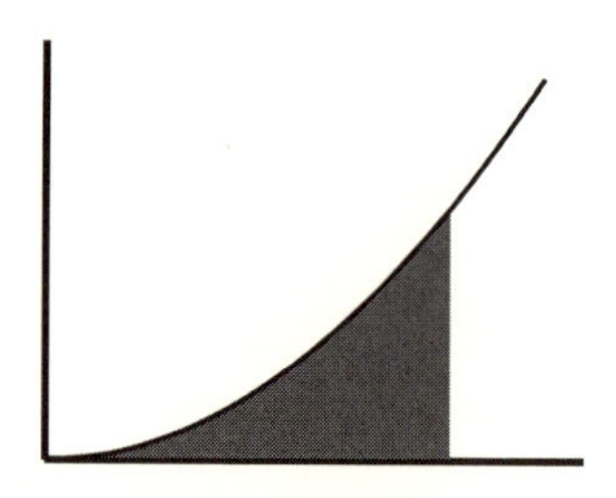

学校では、x^2 を「積分」することによって答えるように教えられ、そうすると $\frac{1}{3}x^3$ となり、これに $x = 2$ を代入して、$\frac{8}{3}$ という答を得る。

しかし大学では、この論法が妥当であることを証明する。学校では、方眼紙にグラフを描き、グラフの下側の正方形を数えて、やや実験的に評価したりする。いくつかの正方形は不完全な正方形にすぎず、このため無限に小さな正方形を使ったときにのみ、本当に正確な答を得ることができる。

厳密な微積分はこの論法を論理的に完璧なものにするが、

期待しているようなやり方で答を突き止めるわけではないため、人々は混乱してしまう。この場合、先ほどとは違って次のように話を進める。無限に小さな正方形が並んだグラフ用紙などはないため、しだいに小さくなっていく正方形を使って、正方形が小さくなるにつれて答がしだいに $\frac{8}{3}$ に近くなることを述べる。

それから、それがたとえどれだけ $\frac{8}{3}$ に近づける必要があったとしても、十分に近くなる大きさの正方形が存在することを証明するのである。

高等数学をする人が抽象化の限界に達することがあるのが、圏論である。彼らは、十代の子どもが x や y に遭遇したときにするのとまったく同じように反応する。意味がわからないといって、それ以上抽象化を進めるのに抵抗するのである。私はいつもジョン・バエズ教授のことを思い出す。彼は、世界的な「圏論メーリングリスト」で抽象化について議論をしているときに、次のようにいった。

> 抽象化が好きでないなら、なぜ数学をしているのか？　あなたはきっと、すべての数の前にドル記号がついている経済をすべきなのだ。

私はまだ自分の抽象化の限界を経験していないが、これまでにあったさまざまな重要な瞬間をおぼえている。自分が境界線を押し広げつつあり、次のバーを越えるために意識的に努力をしなければならないと感じる瞬間だ。

数から絵へ

母は私に、どうすれば次のような x^2 のグラフを描くことができるか教えてくれた。

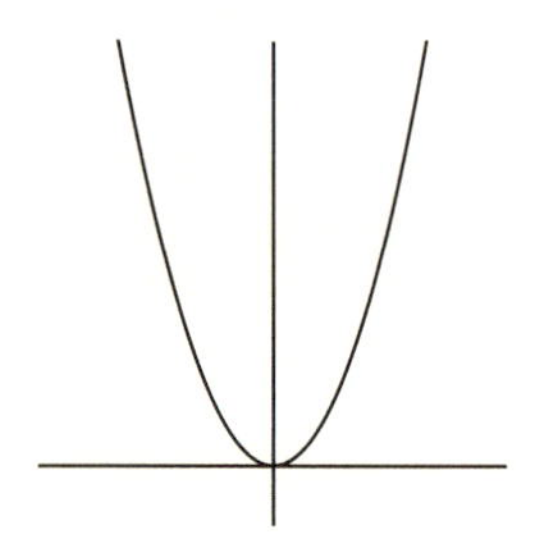

数を２乗するプロセスを曲線の「絵」に変えられるという事実に当惑したのを、はっきりとおぼえている。私は我が家の大きな緑色の肘掛け椅子に座っていて、これについて考えに考え、ついには頭から脳みそが飛び出しそうな気がした。そして私の記憶では、それは研究で難解な数学の概念について考えるときに決まって感じてきたのとまったく同じ感覚である。

数から文字へ

私は、たとえば次のような x を使った方程式をすらすらと解いていた。

$$2x + 3 = 7$$

これは次のようになることを知っていた。

$$\begin{aligned} 2x &= 7 - 3 \\ &= 4 \\ x &= \frac{4}{2} \\ &= 2 \end{aligned}$$

しかしその後、次のように数ではなく a、b、c を使った式に出くわした。

$$ax + b = c$$

そしてこの場合、a、b、c がわからないのに一体どうしたら x を求められるのか、見当もつかなかったのをおぼえている。まず両辺から b を引かなければならないことは知っていたと思うが、そうしたら右辺がどうなるのか全然わからなかった。誰かが $c - b$ になると説明してくれたとき、自分がとんでもない馬鹿に思えたのをおぼえている。なぜ自分で思いつけなかったのだろう。すると答は次のようになる。

$$x = \frac{c-b}{a}$$

そう、私が学生にいっているように、前に何かを理解していなかったことで馬鹿に思えるということは、そのときより今は賢いということの証明にすぎない。

数から関係へ

これは、私がしなければならなかった、おぼえているかぎり最後の抽象化の大きな飛躍で、それは初めて圏論を学んでいたときのことである。完全を期すためと、おそらく興味をもってもらえると思うので、それが何だったかここに書くことにする。それは、**対象がひとつの圏はモノイドである**という考え方だった。私は何日も座り込んでそれについて考え、ちょうど子どもの頃に人生で初めてグラフについて考えたときのように、脳みそが頭から飛び出しそうな気がした。そして、対象がひとつの圏はまさしくモノイドだという事実は、今では私にとってまったく明白なことで、あのときより今の私のほうが確実に賢いことがわかる。今はこの例について説明するのは少し早すぎるので、本書の第2部で再びこれについて述べることにする。

あとで、圏論が対象の間の関係を扱うことを説明する。**圏**は、こうした関係について研究するための数学的コンテキストである。**モノイド**は、ずっと具体的なもの、すなわち数のようなものの掛け算について研究するための数学的コンテキストである。「対象がひとつの圏はモノイドである」という事実は、数を世界とそれ自体の関係と見ることと一致する。それは奇妙に聞こえるが、非常に有効である。

金の卵を産むガチョウ

問題を解くための機械を作る

金の卵を作る方法を発見できたら素敵だろう。だが、金の卵を産むガチョウを作る方法を発見できたらもっといいだろう。つまり金の卵を産むガチョウという機械を作るのである。でも、そうした「機械を作る機械」を作るほうがさらに素晴らしいのではないか。「『金の卵を産むガチョウという機械』を作る機械」だ。これは一種の抽象化である。自分で直接それをするのではなく、何かをする機械を作るという考え方である。それはじつはエネルギー保存的なやり方であり、人間の知力を機械ができないことのためにとっておくことができる。

ある行為を自分でするのではなく、それをしてくれる機械を作るためには、違うレベルでそのことを理解していなければならない。それは誰かに道を教えるのに似ている。私たちはよく知っている場所を歩くとき、正確に何という通りを歩いているのか、いつどこを曲がるのかといったことを、あまり考えていない。おそらく、ある程度、本能的に歩いている。しかし、誰かほかの人にそこへの行き方を教えるときには、自分がどうしているかもっと注意深く分析しなければ説明できない。地元の人に道を尋ねたら、彼らがあまりよく知らないことが多いのはご存知だろう。それはあなたが自分の町を歩きまわっているときに通りの名前についてほとんど考えていないのと同じである。

言語を学んでいるときにも同じようなことが起こる。母国語のように自分で覚えるときには、それがどのような仕組みになっているのかほとんど考えていない。まわりの大人から本能的に取り入れるのである。だが、大人になり、外国人からその言語のわかりづらいところを説明するよう頼まれると、立ち返って、まったく違ったやり方で自分がどのように話しているか分析しなくてはならない。

ケーキを作る機械を作ろうとしているのなら、機械にそれをさせる方法を明らかにするために、かなり注意深く各工程を分析しなければならないだろう。卵を割る作業さえ、よく考える必要がある。卵をボウルにどのくらいの強さでたたきつけているかなど、知っているわけがない。

先に述べた方程式を解く例は、この種の機械の例である。まず、次のような式を解くにはどうしたらいいか理解するところから始める。

$$2x + 3 = 7$$

次に、このような式をすべて解く「機械」を作る。つまり、次の式を解けばよい。

$$ax + b = c$$

そうすれば、a、b、c にどんな数でもあてはめることができるからである。

***

では、二次方程式でやってみよう。

$$ax^2 + bx + s = 0$$

すると、こうした式を解くための「機械」は、次のようなよく知られている解を与える。

$$x = \frac{-b \pm \sqrt{b^2 - 4ac}}{2a}$$

こうした「『機械を作る機械』を作る」ことのさらに上のレベルの考え方として**代数学の基本定理**があり、これは複素数を許すかぎりすべての多項式で表される方程式は少なくともひとつの解をもつという定理である。複素数についてはあとで触れる。

ケーキのカット

抽象化の例

学校で受けなければならなかった最初のGCSE（イギリスの中等教育修了資格試験）の数学の問題のことをおぼえている。ひとつのケーキをある決まった回数だけ垂直に切って、できるだけ多く切り分けるにはどうすればよいかという問題だった。（直線で）1回しか切ることができないのなら2切れしかできないが、2回切ってもいいのなら最大4切れできることは明らかである。だが､3回では？　4回では？　さらに増やしていくと？

3回切る場合の正解は、次のように7切れである。

これについて、あなたも最初､私と同じように考えたかもしれない。これは馬鹿げた問題だ。だって、誰がケーキをこんなふうに切るだろう。

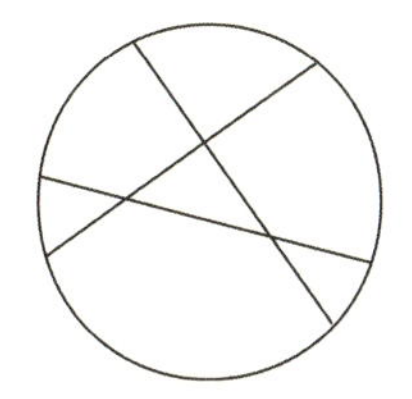

大きさがばらばらになってしまうじゃないか。ケーキを切る場合にもっとも問題になることは何だろう。効率だろうか、一つひとつの大きさだろうか。

大きさの問題はちょっとわきに置いておくとして、この問題のポイントは、切る回数を3回、4回……と実験的に増やしてみて、それから許される回数で切ったときにできうる最大の個数を求める**公式**を見つけることである。つまり、その目的はたんにある特定の場合の問題を解くことではなく、**あらゆる**場合の問題を解くための機械を作ることである。そしてじつはxとyなどを用いる式がその機械なのである。このため、たとえば切ることができる回数を入れてやると、その機械は何切れケーキができるかという答を吐き出す。そして、公式は機械よりもっとよい。じつは公式は**その機械がどのように働くか**教えてくれる。たんなる不思議なブラックボックスではないのである。したがって、公式が答は

$$\frac{x^2+x+2}{2}$$

だというなら、この機械はxの代わりに切ってもいい回数を入れればよいといっているのであり、その結果が切り分けられたケーキの数になる。実際の問題を扱うのでなく、**仮想の**問題を扱っているから、これは一種の抽象化である。そしてこの場合、問題を解いているのではなく、その問題を解くという問題を解いている。式を書くのではなく、次のような答の表を作ることもできる。

切る回数	できた個数
1	2
2	4
3	7
4	11
5	16
⋮	⋮

しかし、この表を**永久に**続けることはできない。何年も人生をかけるわけにはいかないのはもちろんだが、紙面が尽きるという理由だけでも、どこかでやめなければならない。しかし、公式ならどこかでストップすることはない。それは**どんな**カット回数についても答を出せる機械なのである。

おそらくあなたはGCSE試験を受けなくてよかったのだろうが、もしかしたらこうした問題を解く子どもがいて、手助けしていたかもしれない。しかし、あなたが子どもの代わりに実際に試験を受けるのではなく、助けようとしていただけだろう。それはメタ問題──問題を解くのではなく、誰かほかの人に問題を解かせるという問題を解こうとすること──である。人に教えることはそれにちょっと似ている。たんに答をいうのではなく、答を見つけさせようとするからである。それは自分で問題に答えることとはまったくレベルが違うことである。教師に教えるのはまた別のレベルの抽象化である。そして、誰が教師に教える人に教えるのだろう。

ケーキを作るのはそれほど頭を使うことではないが、ケーキ作りの新しいレシピを考え出すのはもう少し頭を使う。新しい数を発見することはそれほど「面白い」こととみなされないだろう。なぜなら、あらゆる新しい数を生成する方法がすでに知られているからである。癌を治す方法を見つけたとして、世間に癌の治療法を教えないで特定の個人の癌を治そうとするだけだったら、それはいささか倫理に反するだろう。

こうした抽象化の例のすべてで、私たちはほぼ間違いなく現実から一歩遠ざかるが、結果としてより広い視野をもつようになる。遠く離れたところからたいまつで照らせば、より広い範囲を明るくすることができる。しかし、遠**すぎる**と暗くなってしまうから注意すること。

抽象数学

抽象化は、数学とは何であるかということを理解するための鍵である。抽象化はまた、数学が「実生活」からかけ離れているように見えることがあるのはなぜかという問題の核心にある。実生活から離れるのは数学の強みの源であるが、数学の限界もそこから生じる。どのレベルの抽象化も数学を実生活からさらに遠ざけ、実生活と何の関係があるのか説明するのを難しくするが、それはその関係がドミノ効果で生じるからである。つまり、抽象数学は実生活に直接適用できないかもしれないが、実生活に適用可能なほかのものに適用できる。たとえば次のような、さらに長い適用の連鎖を経由して適用できるのだ。

圏論→位相幾何学→物理学→化学→医学

抽象化は、数学がなぜ一般の科学と異なるのか理解するための鍵を握っている。証拠に基づいた科学は、明らかにその根底に証拠があって前進する。まず「仮説」── 一般的な意見、直観、疑い、事例、そのほかなんであれ、それにもとづいて、真理かもしれないと思われること ── を立てる。そして次に、科学の基準を満たす証拠を見つけることにより、仮説を厳密に検証する必要がある。基準には次のようなことがある。

* サンプルの数が十分に多くなければならない。３つや４つの事例では「逸話的」で、まぐれ当たりだった可能性がある。

* 証拠は管理されていなければならない。プラシーボ効果、社会経済的要因、関係者の年齢など、証拠に影響を及ぼしたかもしれないほかの要因を考慮しておかなければならない。
* 証拠は先入観のないものでなくてはならない。たとえば薬品のテストの場合、それは「二重盲検」を意味し、その薬を摂取する人と与える人が、それが本当の薬か偽薬か知っていてはいけない。

それでも結局のところ結果は統計的である。非常に説得力のある証拠を多数見つけても、結果はつねにある率の不確実性を伴う。

数学は違う。最初のステップの、何らかの理由にもとづいて正しいと思われる仮説から始めるところは同じだが、それを証拠を用いて厳密に検証するのではなく、**論理**を使って厳密に検証するのである。このときの「厳密」の基準はまったく異なる。実際にサンプルをまったく使わないため、サンプル数とは何の関係もない。思考のプロセスだけを使うのである。実行しているのは論理のルールの適用だけだから、先入観も入らない。

たとえば、ケーキ全体をおおうにはアイシングがどれだけ必要か知るため、それを実験的に行なうこともできる。ケーキを手に入れて、それにアイシングをかけ、どれだけ使ったか見るのである。これに対し、それを論理的に行なうこともできる。ケーキの表面積に関する計算をするのである。この計算をするには、ケーキの形の近似をする必要がある。たいていは、完全に円形で上が完全に平らだと仮定する。もちろん**完全に**円形で平らなケーキなどない。だが、この方法の利点は、どれだけアイシングが必要か知るためにアイシングを作らなくてすむことである。

実験ではなく論理を用いることにはさまざまな利点がある。

実験が現実的でないこともある

家を建てるのにレンガが何個必要か知りたいとしよう。レンガが何個必要になるか知るためだけに家をまるごと一軒建てるのはあまり現実的ではない。あるいは、道路の配置を変えると交通の流れにどう影響するか明らかにしたい場合はどうだろう。

実験が危険なこともある

ある橋が耐えられる交通量を明らかにしたいと思っている場合はどうだろう。車に橋を渡らせて負荷をかけ、いつ橋が崩壊するか見ることなどできない。

実験が不可能なこともある

太陽がなぜ毎日昇るのか、あるいはなぜ惑星が今しているような動きをするのか明らかにしようとしている場合はどうだろう。宇宙空間の条件を変えて惑星の動きがどう変わるか見ることなどできない。

実験が望ましくない場合もある

感染症が全国にどのように蔓延していくのか明らかにしようとしているとしよう。病気をばらまいてそれがどのように広がるか見ることなどできない。それこそが避けようとしていることなのだから。

実験が倫理に反することもある

これを書いている時点で、アナグマを捕殺するとウシの結核の発生率が下がるのではないかという報告がある。どうすればこれを検証できるだろう。大量のアナグマを殺してどうなるか見るのは倫理的に正しいことだろうか。

これらの事例すべてにおいて、実験をするのではなく理論上の作業をすること、証拠ではなく論理を用いることに大きな利点がある。決定的に重要な利点は、論理を用いて出した結論はたんに「ほぼ確実に正しい」のではなく反駁できないほど正しいということである。

論理はどのように働くか？

論理的な議論とは、一連の発言のひとつひとつが論理のみを使って前の発言から当然の帰結として生じるようなものである。では、最初はどうなるのだろう。始まりはつねに一組の基本的な仮定でなければならない。たとえば、ケーキが完全に円形をしていると仮定するかもしれない。ある感染症が、ふたりの人が出会ったら一方から他方へ50％の確率でうつると仮定するかもしれない。こうした基本的な仮定は、抽象化のプロセスの一部である。仮定することで実生活の対象を何か理論上のことに変えることができ、論理を使ってそれについて推論できるようになる。次点は、理論上のシチュエーションが現実のものと**正確に**同じではないということである。しかし、論理的プロセスを適用してものごとを明らかにできるようになる。このとき、最終的な答に誤りがあるとすれば、最初に抽象化をしたときに一部の情報が捨て去られたことに原因がある。これは統計的な結果とはまったく異なる。その場合、最終的な答が間違っていることがあるのは、証拠があるもかかわらずわずかな確率で仮説が間違っていた可能性があるからである。

（語られることがもっと多い「科学的方法」と異なり）**数学的方法**は、何を仮定しているかかなり明確にする必要がある。このとき人々は仮定に反対することはできるが、次のような全般的な推論に反対する資格はない。

もしこうした仮定をするなら、**そのときは**この結論は正しい。

例：1羽のニワトリが10人分になるなら、2羽のニワトリは20人分になる。1羽のニワトリが本当に何人分になるかについて議論することはできるが（おそらく、遺伝子操作をした薄気味悪い巨大なニワトリでないかぎり、10人分にはならないだろうが）、次の事実について議論することはできない。

もし1羽のニワトリが10人分になるなら、**そのときは**2羽のニワトリは20人分になる。

しかし、これにはまだ足りない点があるかもしれない。すべてのニワトリは同じ大きさだろうか。このシチュエーションが数学的に振る舞うようにするには、「すべてのニワトリはほとんど同じ大きさである」という仮定を付け加える必要があるだろう。

これは非現実的な仮定だろうか。40人が参加するパーティのためにチキンの丸焼きを注文するとき、たとえニワトリがみな**正確に**同じ大きさでなくても、きっとこれと似たような計算をするだろう。しかし、その一方で経験的手法をとることもできる。きっと何度もパーティを催したことがあって、40人の場合にニワトリを何羽用意すればよいか実験的根拠をもっている仕出し屋の経験に頼ってもよいのである。

抽象化が困難なことがあるのは、それが私たちを物理的実体の世界から連れ出して、頭の中だけで操作される「観念」の世界に連れ込むからである。しかし、抽象的な観念のなかには、私たちがあまりに慣れてしまって、それがいかに抽象的かもはや気づくことさえないものもある。平均的なニワトリの大きさについて考える場合、それはまさに抽象化である。「平均的なニワトリ」は、検討している現実のニワトリではなく、ニワトリのひとつの観念でしかない。すでに述べたように、数は抽象的なものである。1、2、3、4……という数は**観念**にすぎない。そして、観念だから、論理だけを用いて操作できる。

抽象化の素晴らしいところは、抽象的な観念に慣れてしまえば、たんなる架空の観念ではなく現実のもののように**感じ**だすことである。おそらくあなたは、「2」という概念に違和感を覚えないだろう。それは、そのレベルの抽象化に違和感を覚えないことを意味する。だがおそらく、「－2」が正確に何かということについては、それほどすんなりとは受け入れられないだろう。2の平方根についてはどうだろう。それは、自乗したら答が2であるような数である。だが、それは実際には何だろう？ 1.414……だと思うかもしれないが、それは繰り返すことなく永久に続く小数で、全部書くことができないのだから、どうしてそれが何かわかるのだろう。－1の平方根はどうだろう。こうした問題についてはもっとあとで検討し、なぜ厳密な数学では2の平方根のほうが－2より、さらには－1の平方根よりずっと厄介なのか見ていく。－1の平方根は似たものが「実生活」にないため、直感的にはそれについて考えるのがずっと難しいのだが。

抽象化のプロセスは想像力を使うのと似たところがある。数学的抽象化は私たちを想像の世界へ連れ込み、そこでは矛盾していないかぎり何でもありである。透明なレゴが想像できるだろうか。それはあまり難しくないが、ぐにゃぐにゃのレゴはどうだろう。これはもうちょっと変わっている。触れるとたちまち色が変わるレゴは？ 4次元のレゴは？ 見えないレゴは？ 朝、コーヒーをいれてくれるレゴは？何かを想像できるからというだけで現実の世界にそれが実在することにはならないのは明らかである。とくに非常に豊かな想像力をもっている場合は。だが、数学の世界では驚いたことに、何かを想像するやいなや、それは存在する。想像力が豊かであればあるほど、数学の世界に入りやすくなる。

私たちが慣れ親しんでいるもうひとつの抽象概念が形である。正方形とは何か。それは、4つの辺の長さが等しく4つの角の大きさが等しい形である。だが、世の中に実際に**完璧な**正方形があるのだろうか。否。現実世界のどんな物の形も、完全に微視的なところまで厳密に学者のいうような正方形にはならない。円も同様である。直線はどうだろう。完全にまっすぐな線が本当にあるのだろうか。本当はない。だがそれでも、私たちは直線という観念に違和感を覚えない。現実の世界にあるものは理想の形の近似にすぎないのだが。

実際の抽象化

先に提示したふたつの例題の抽象的なアプローチをここに示すので、それがどんなものかわかるだろう。

> 父の年齢は今は私の3倍だが、10年たてば私の2倍になる。私は何歳か？

私の年齢をx、父の年齢をyとする。すると「父の年齢は今は私の3倍」は次のようになる。

$$y = 3x$$

ここまでは大丈夫だろう。「10年たてば私の2倍になる」はもう少し工夫がいる。重要なのは、10年後には私の年齢は$x + 10$、父の年齢は$y+10$となることで、その時点で父の年齢が私の年齢の2倍になるのだから、次のように書ける。

$$y + 10 = 2(x + 10)$$

すると、2番目の式のyのところに$3x$を代入でき、次のようになる。

$3x + 10 = 2(x + 10)$　右辺の掛け算をして括弧をはずす

$3x + 10 = 2x + 20$　両辺から$2x$を引く

$x + 10 = 20$　両辺から10を引く

したがって　$x = 10$

つまり、私は10歳（そして父は30歳）と結論できる。次のステップを踏んだことに注目してほしい。

(1) 言葉で表現された「実生活」のシチュエーションから出発した。
(2) **抽象化**を実行して、それを論理的な概念に変えた。
(3) 論理を使って抽象的な概念を操作した。
(4) 実生活のシチュエーションへ戻るため、抽象化を元に戻した。

ここでできるさらに上のレベルの抽象化がある。先に実行したステップは、上記の言葉で述べた問題を解く助けになるが、もうひとつステップを実行すれば、**類似の問題をすべて**解くことができる。

上記の問題では、ふたつの限定的な方程式から始めた。

$$y = 3x$$
$$y+10 = 2(x+10)$$

しかし、これらの数字をすべて文字で置き換えることができ、そうすれば対になった方程式がどんな数を含んでいても解くことができる。

$$y = a_1x + b_1$$
$$y = a_2x + b_2$$

もともとの方程式の2番目の式はこれに似ていないと思われるかもしれないが、整理して左辺を y だけにすれば次のようになる。

$$y = 2x + 10$$

ここで、どちらも左辺が y なので、両式の右側を等号で結ぶことにより、対になった方程式全般を解くことができる。

$$a_1x + b_1 = a_2x + b_2$$

そして、x 項をすべて一方に集めると、次のようになる。

$$a_1x - a_2x = b_2 - b_1$$

$$(a_1 - a_2)\ x = b_2 - b_1$$

$$x=\frac{b_2-b_1}{a_1-a_2}$$

最後のステップは、$a_1 = a_2$ でないかぎり有効である。$a_1 = a_2$ の場合、$b_2 = b_1$ とせざるをえなくなり、これはふたつの方程式に違いがないことを意味する。その場合には情報が十分でないため x と y が何でなくてはならないか特定することができず、無限に多くの解が存在することになる。

もうひとつの例を見てみよう。

６インチのケーキの上面と側面にアイシングをかけるレシピはもっている。８インチのケーキの上面と側面にかけるにはどれだけの量のアイシングが必要か？

ケーキはどちらも円形で、厚さが２インチあると**仮定**する。６インチのケーキの場合と８インチのケーキの場合のアイシングをかける面積を出して、後者のほうがどれだけ大きいか知る必要がある。どちらのケーキも円形なので、半径 r のケーキのアイシングをかける面積を計算することで、いくらか手間をはぶくことができ、あとから $r = 3$ あるいは $r = 4$ とすればよい（半径は直径の半分)。

＊ケーキの上面は円形で、したがって面積は πr^2 である。

＊ケーキの側面の面積は、高さ掛ける円周の長さである。円周は $2\pi r$ なので、面積は $2 \times 2\pi r = 4\pi r$ となる。
＊したがって、半径が r の場合のアイシングをかける総面積は $\pi r^2 + 4\pi r$ である。

すると、この公式を使って、ふたつのケーキそれぞれについてアイシングでおおわれる面積を出すことができる。

＊6インチのケーキの場合、半径は3だから、アイシングでおおわれる総面積は次のようになる。

$$(\pi \times 3^2) + (4\pi \times 3) = 9\pi + 12\pi = 21\pi$$

＊8インチのケーキの場合、半径は4だから、アイシングでおおわれる総面積は次のようになる。

$$(\pi \times 4^2) + (4\pi \times 4) = 16\pi + 16\pi = 32\pi$$

最後に、これをケーキに使えるものにする必要がある。大きい方のケーキに足りる量のアイシングを作るには最初のレシピを何倍すればよいか知りたいのだから、あとで計算した面積が先に計算した面積よりどれだけ大きいか知る必要がある。したがって、8インチのケーキの場合の面積を6インチのケーキの場合の面積で割ればよい。

＊8インチの場合と6インチの場合のアイシングの比率は次のようになる。

$$\frac{32\pi}{21\pi} = \frac{32}{21}$$

今、これはケーキのアイシングにすぎず、薬の量のように非常に厳密なものではないため、近似的な答でかまわない。$\frac{32}{21}$ は約1.5なので、最初のレシピに1.5を掛ければ、大きい方のケーキに十分なアイシングの量を出すことができる。

ここで注意すべき重要なことは、ケーキの高さを2インチと**仮定**したことである。このため、この最終的な答は正確でないかもしれないが、それはこの仮定のせいにすぎない。したがって、最終的な反駁不可能な結論は次のようになる。

もしケーキがどちらも2インチの高さなら、
そのときは最初のレシピを1.5倍する必要がある。

このケーキの例は、父の年齢の例よりいくらか役に立つ。年齢の問題はたわいのないクイズにすぎないが、アイシングについての問題は抽象的な思考プロセスが役に立つ本物のシチュエーションである。実験的に、アイシングを大量に作り、大きい方のケーキにどれだけ必要か調べて答を出すこともできたが、それではアイシングがもったいない。抽象化のアプローチではより多くの知力を使ったが、無駄になるアイシングの量は少ない。

第3章　法則

会議チョコレートプディング

【材料】

卵　大　2個
白砂糖　140g
セルフライジングフラワー［小麦粉にベーキングパウダーと食塩を混ぜて売っているもの］　140g
軟らかくしたバター　140g
好みでココアパウダー
チョコレート　約7かけ

【作り方】

1. バターと砂糖を混ぜてクリーム状にする。
2. 卵を溶いたのち、小麦粉をそっと混ぜ合わせる。
3. ココアパウダーを入れて、濃い褐色になるまでかき混ぜる。
4. 生地を14個の小さなシリコン製の個別容器の半分まで入れたのち、チョコレートを半かけ入れ、さらに生地でおおう。
5. 180℃で約10分間焼く。すぐに食べる。

私がこれを「会議プディング」と呼ぶのは、初めてこれを作ったのが会議の懇親会のあとだったからで、このとき数学者が大勢、ほろ酔い気分で私のアパートに押しかけて、私にプディングを作るように頼んできたのである。これは、とにかく台所にあるもので何かを間に合わせに作った例である。幸い、うちの台所にはいつも大量のチョコレートがある。このとき私は、いくつかのケーキ作りの基本法則に従うことができた。卵、小麦粉、バター、砂糖が同量というのは基本的な出発点として適当である。ほかに非常に複雑なケーキのレシピもあるが、何のためだろう。チョコレートはたいてい人々を幸せにし、一つひとつのプディングの中心部に入れるとそこがとろとろになり、真ん中のとろりとした部分を見たときの興奮で、みんなプディングのほかの部分がどうなっていようと気にしなくなる。

重要なことは、たんに手順をおぼえることではなく、手順の背後にある**法則**を理解すれば、状況をずっとうまくコントロールできるということである。うまくいかないときには修正でき、異なる目的に合わせて手順を変更しやすく、材料がなくなった、器具を壊した、酔っ払った…… といった極端な状況にも適切に対処できる。

酔っ払ってケーキを焼く

極端な状況に対処する

酔っ払い運転は危険で、どんな場合でも避けるべきだ。しかし、酔っ払ってケーキを焼くのは、自分が何をしているのか理解しているなら、かなり楽しい。たんに忠実にレシピに従うのではなく、ケーキの基本法則を理解する理由は、ほかにもある。食物アレルギーのある友人がいて、小麦粉を使わないでケーキを焼く必要がある場合もある(ブラウニーに最適な小麦粉の代用品はポテトフラワーで、クランブルにはオート麦粉、ペーストリーには米粉がいいことを発見した)。

もしかしたらあなたは脂肪を減らしたケーキを作りたいと思っているかもしれない。それなら、ケーキにおいて脂肪が果たす役割 ── 気泡を作り出すこと ── を理解する必要があり、そうしたら、同じ役割を果たすもの、たとえば不思議なことにリンゴピューレで置き換えることができる。

また、作り方の背後にある法則を理解していれば、すべてを台無しにせずに近道をする助けにもなり、私のように怠け者なら、いつも近道をさがすだろう。あるいは、たとえば酔っ払っているときは卵の黄身と白身を分けるのがずっと難しいとわかって、簡単にする方法をさがすかもしれない。ところで、チョコレートを使うレシピは、次のようになっている場合が多い。

> チョコレートを小さく刻み、耐熱性のボウルに入れ、とろ火で湯を煮立てた鍋の上に重ねて、ボウルの底が鍋の底に触れないように気をつける。溶けるまでかき混ぜる。

しかし、要するにいいたいのは「チョコレートを溶かす」である。私はやがて、鍋の底にボウルが触れないようにするというのが気になって、それを試してみた。そして何も違いはないように見えた。私はしばしばチョコレートを電子レンジ、または低温のオーブンで溶かした。レシピ本には、何かをするよう指示している際にその理由がめったに説明されておらず、私は欲求不満になる。しかしこの場合、理解することは力であり、誰かが何かを理解するのを助けるなら、その人に力を与えることになる。おそらく、このような執筆者は私たちにあまりよく理解してほしくないのだろう。理解してしまったら、彼らにレシピを考えてもらう必要がなくなるのだから。

数学の例をいうと、毎回指を折って数えなければならないよりは、九九の表を暗記したほうが便利である。しかし、忘れた場合や最初から考え出す必要がある場合にそなえて、九九の表をどうやって導き出すか理解しておいても役に立つ。

ところで、メレンゲのレシピにはいつも、クリームターター［酒石酸水素カリウム、ベーキングパウダーなど膨脹剤にも含まれる］を使うよう書いてあるが、私は使ったことはない。それでも私のメレンゲは完璧に思える。なんといっても、おいしい。

溶接

どうして自動車が動くのか理解しようとした私

16歳のとき、私はテレビに出て溶接をした。学校で自動車に関するプロジェクトに取り組んでいて、ふたりの物理教師の指導のもと、私たちは古いMG［イギリスのスポーツカーのブランド］を分解して、新しい部品も使って組み立てなおしていた。なぜか私は溶接が一番うまく、とても面白いと思った──音、火花、熱、危険、熱を使って金属を結合する「魔法」だ。対照的に私は自動車が全体としてどのように機能するのか理解するのはあまり得意ではなかった。溶接するようにいわれたものを溶接するだけだった。

地元のテレビ局は女の子のグループが自動車を組み立てているのが面白いと考えたのだと思うが（最近ではそれほど面白いと思われないことを願う）、ある日やってきて、私たちを撮影し、私は当然、溶接をした。

インタビュアーは私たちに、未来のボーイフレンドを感心させるためにやっているのかと尋ねたが、私がそれをしていたのは自動車が動く法則を理解したかったからである。今でも私は、いつも使っているものの法則を知るのはよい考えだと思っている。そうすればそれが具合が悪くなったときにあまり翻弄されなくてすみ、最大限に利用できる可能性が高くなるからである。困るのは、技術が進歩すると、ものの機能が電子装置と暗号にますます深く埋め込まれるようになり、そのため何かを分解してじっくり見るのさえずっと難しくなることである。しばらく自動車を走らせたら、生じた不具合の大半が機械的なものではなく電子的なものだった。

残念ながら、自動車のプロジェクトについての私のもくろみは失敗に終わった。私は溶接の仕方は知っているが、結局、自動車がどうして動くのかさっぱりわからないままで終わり、そのため今でも自動車が故障したら、やはり専門家にまかせる以外、ほとんど選択肢がないのである。だが、少なくとも私の数学が「故障」したときは、自分で修理できる見込みがある。つまり、推論をチェックし、論理のどこが間違っているのか調べることができるのである。

間違った答を出し続けても、どこが間違っているのかわからない場合、子どもたちは数学に対してやる気をなくしてしまうことがある。このため、数学を教えるときは、生徒の思考方法を理解し、最終的な答のどこが間違っていたのかだけでなく、論理のどこが間違っていたのか指摘することが非常に重要である。

火星

そこで生命をさがすとき、まず何をさがすか？

別の惑星に生命が存在する可能性があるかどうか調査するとき、まずは水の徴候をさがす。それは、私たちが、生命を存続させるには水がほとんど不可欠だということを突き止めた、あるいはそう判断したからである。

ヨーロッパの探検家が遠く離れた土地に行って入植したとき、彼らは間違ったことをたくさんした（おそらく、そもそも入植が少なからず間違っていた）。彼らが犯した間違いのひとつが、ヨーロッパから作物を持ち込んで、気候がかなり異なる土地で栽培しようとしたことである。彼らはそれらの作物を育てるのに何が必要かまったく理解しておらず、そのためこの暑く過酷な土地では作物がうまく育たないことも理解していなかった。あるいはもしかしたら、はるか遠くの気候がどれほど異なるか知らなかっただけかもしれない。いずれにせよ、作物は育たなかった。

物事の背後にある法則を調べることの目的のひとつは、あるシチュエーションを本当に動かしているものが何であるのか理解することだ。そうすれば遠く離れた国、つまり遠く離れた**数学の**国へ行くときにそれがまだ有効かどうかわかる。

たとえば、私たちがもっとも居心地よく感じる数学の国のひとつが「自然数」である。それは1、2、3、4……と数えるときに使う数で、ごく自然に感じられるという理由で「自然数」と呼ばれる。厄介なのは、あまりに自然なため、それに関連して使っているものに**気づく**ことさえないということである。腕の骨を折ったら、突然、両手を使っていたときにはまったく当たり前に思っていたあらゆることが難しいのに気づく。私たちは、とくに一度に両手を使う必要があるのはいつか、片手ですむのはいつか、ほとんど気づいていない。歯磨きは片手の作業のように見えるが、どうやって歯ブラシに練り歯磨きをつけるだろう。また、ポテトチップを食べるのは片手でしているように思えるが、どうやって袋を開けるだろう。

自然数についても同様である。私たちは、足し算と掛け算ができ、行なう順序は関係ないということを当たり前だと思っている。たとえば8 + 4と4 + 8は同じことで、合計を出すときにしばしばこれを使う ── 小さな数に大きな数を加えるより、大きな数に小さな数を加えるほうがずっと簡単である。これは、まだ指を折って数えて足し算をしている幼い子どもには、とりわけ大きな違いとなる。2 + 26の足し算の場合、2から始めて26数えていくと非常に長い時間がかかるが、26から始めて2数えるなら、すぐにできる。教師にとって難しいのは、それでも同じ答になるのを子どもに納得させることである。

同様に、6 × 4は4 × 6と同じことで、九九を半分しかおぼえなくてすむということだから、けっこうなことである。個人的には、私は4 × 6を「4・6」ではなく「6・4」と考えてはじめてできる。同様に、8 × 6は「6・8」と考えなくてはならない。そして、8 × 7は「7・8」と考える必要がある。私が九九の表のどこをおぼえていてどこをおぼえていないか、すべての組み合わせの表を示す。おそらく、あなたにも似たようなことがあるのではないだろうか。あなたがおぼえているのは「8・6」？　「6・8」？　それとも両方？

	2	3	4	5	6	7	8	9
2	✔	✔	✔	✔	✔	✔	✔	✔
3		✔	✔	✔	✔	✔	✔	✔
4		✔	✔			✔	✔	✔
5			✔			✔	✔	✔
6		✔	✔	✔	✔	✔	✔	✔
7		✔	✔		✔	✔	✔	✔
8						✔	✔	✔
9							✔	✔

この組み合わせ表で私はまず縦の数を読み、それから横の数を読んでいる。つまり、「5・6」はおぼえていないが、「6・5」はおぼえている。どうして私の脳が九九の表をこのように処理するようになったのかはわからない。幸い、掛け算の順序を入れ替えても同じ答になるため、たとえ本当はすべてを**知って**いなくても、すべての九九を**推測**することができる。

しかし、この便利な事実が真でない、別の数学の世界へ行ったとしたらどうだろう。どんなドミノ効果があるかよく考える必要がある。あらゆる種類のことがうまくいかなくなりだすだろう。まだ方程式を解くことができるだろうか。グラフを描くことができるだろうか。**何にでも**使える標準的なテクニックはまだ有効だろうか。こうしたことについては、あとで明らかにする。

自然数についての法則でもっと興味深いのが素数に関するものである。思い出してほしいが、素数は1とその数自身によってのみ割り切れる数である（そして1は素数とみなされない）。したがって、最初のほうの素数をいくつか挙げると次のようになる。

2、3、5、7、11、13……

今、任意の数を考えたとき、それを素数の積として書く方法がそれぞれひとつずつある。たとえば6 = 2 × 3と書くことができ、掛け算の順序を変える以外、素数同士を掛けて6を得る**ほかの方法はない**。掛け算の順序を変えても違うとみなさないとすれば、24 = 2 × 2 × 2 × 3についても、素数を掛け合わせて24を得る**ほかの方法はない**。そして、ほかの自然数についても同様のことがいえる。これは自然数の非常に重要な性質であるが、あらゆる数学の惑星で成り立つわけでは**ない**。

ちょうど慣れない気候のところに作物を植えようとした人々と同じように、このことは数学の探検家にとっても問題を生じるもとになった。たとえばフェルマーの最終定理を証明しようとするいくつもの試みが結局は間違いだったのは、そうではないのに素因数分解のこの性質が成り立つ惑星で研究していると考えていたからである。彼らは、そこに水があると仮定して、火星へ行く壮大なミッションを考えていたのである。

フェルマーの最終定理は、よく知られているように、1637年にピエール・ド・フェルマーによって彼の本の余白に書き込まれた。それは

$$a^n + b^n = c^n$$

という等式に関するもので、ここでa、b、cおよびnは正の整数である。$n = 2$のとき、直角三角形の辺の長さに関するピタゴラスの定理、すなわち斜辺（もっとも長い辺）の2乗はほかの2辺の2乗の和に等しいという定理のことが頭に浮かぶ。大多数の直角三角形は長さが整数ではない辺をもつように運命づけられている。たとえば短い辺がそれぞれ1センチメートルなら斜辺は$\sqrt{2}$センチメートルになるはずで、これは有理数ではなく、もちろん整数ではない。しかし、たとえば3：4：5、

5：12：13のように上の等式を満たす整数の長さの辺を持つ、よく知られている直角三角形がいくつかある。

$$3^2 + 4^2 = 5^2、5^2 + 12^2 = 13^2$$

これに対し、もっと n が大きな値の場合、この式を満たす整数 a、b、c を見つけるのは不可能である。これがフェルマーの最終定理だが、これがようやく証明されたのは1995年のことで、アンドリュー・ワイルズが、一見、関係ないように見える数学分野の非常に新しいテクニックを使った証明を発表した。

数の法則

数の基本法則は何だろう。私たちはそれに慣れきっているため、もはや気づきもしない。きっとあなたも当たり前のこととみなしている、数に関する事実をいくつか挙げてみよう。

* 数を足し算することができる。
* 数を引き算することができるが、答が負になることがある。
* 数を掛け算することができる。
* 数を割り算することができるが、答が分数になることがある。
* ある数にゼロを足しても、同じ数のままである。
* ある数に1を掛けても、同じ数のままである。
* ゼロで割ることはできない。
* ある数を何かに足したのち、再びそれを引くと、最初に戻る。
* ある数を掛けたのち、再びそれで割ると、最初に戻る。
* 数を合計しているとき、どの順序でしても関係ない。
* 数を掛けているとき、どの順序でしても関係ない。しかし、+、−、×、÷が混在しているときは順序が問題になる。

＊何に０を掛けても０になる。
＊何に－１を掛けても、もとの数の負の数になる。
＊「マイナスのマイナスはプラス」
＊何かを何度も足すと、掛け算をするのと同じことになる。

このように「基本法則」は非常にたくさんあり、そのため減らしてもっと数の少ない「非常に基本的な法則」にすることはできないだろうかと思われるかもしれない。たとえばブラウニー・ガイド［ガールスカウトの幼年組］の掟がただひとつであるように。

ブラウニー・ガイドは自分より先にほかの人のことを考え、毎日善行をする。

ここに挙げた法則は、大まかにいえばリストの下へ行くにつれてだんだん難しくなる。数について学び始めてすぐの頃は、どの順序で足し、どの順序で掛けてもかまわないのはなぜか理解するのが非常に難しい。何に１を掛けても変わらないという事実はどうだろう。小学生に関する最近の調査によれば、彼らはこれを心配になるほど何度も間違うという。ゼロを掛けるのはどうだろう。**なぜ**ゼロになるのだろう。さらによくわからないのが、なぜ「マイナスのマイナスはプラス」になるのだろう。

これらの法則はそもそもどこから出てきたのだろうと思われるかもしれない。何かの背後にある基本法則を見つけることは**公理化**と呼ばれ、これについてはあとでまた検討する。数学ではひとつの世界、たとえば数の基本法則を立て、**ほかの**世界でこれらの法則に従うものがないか調べるという考え方をする。ゼロを掛けるとゼロになる事実は基本法則では**ない**と聞くと驚かれるかもしれないが、あとで触れるように、それはもっと基本的な法則から証明できることなのである。

数と同じ法則に従うものは、数のように非常にたくさんなければならないが、それでも本当の数である必要はない。たとえば次のような

多項式がその例である。

$$4x^2 + 3x + 2$$

多項式は本当は数ではないが、やはり同じ法則に従う。

　掛け算の順序が関係ないという条件をはずせば、もっと例がある。たとえば次のような**行列**である。

$$\begin{pmatrix} 1 & 0 \\ 3 & 2 \end{pmatrix}$$

行列は数に関する法則のうち掛け算の順番に関するもの以外、すべてに従う。これが正確には何を意味するかということについては少し慎重になる必要があり、公理化 [*p*.143] のところで見ていく。

　これが法則を理解することの目的である。最初に考えていたのと必ずしもまったく同じではないところに法則を適用できるようになるのである。

好奇心の強い人への問題

　次の２×２の升目の色塗りをやってみよう。２色のうちどちらも各列に１度、各行に１度現れなければならないというのがルールである。そのような塗り方はただひとつしかないことがわかるはずだ。

赤	青
青	

解：選択できる色は２色しかなく、このためその２色を試してみればよい。青は使えないため、赤でなくてはならない。

勇気のある人への問題

次の３×３のものを同じルールでやってみてほしい。

赤	青	緑
青		
緑		

これについてもただひとつ正しい塗り方がある。

解：中央の升から始める。隣にすでに青の升があるため、青ではありえない。赤を試すこともできるが、すると右側の升が緑になり、それは上の緑の升の隣になってしまい、許されない。このため中央の升は緑でなければならず、その右が赤となり、全体は次のようになる。

赤	青	緑
青	緑	赤
緑	赤	青

それぞれが各列に1度と各行に1度現れるという法則は、数独の比較的簡単なものに少し似ており、**ラテン方格**と呼ばれている。これは**群**を研究するときに非常に重要な数学の法則である。この数学の一分野についてはあとで触れる。

恐れを知らぬ人への問題

次のような4×4のものではどうだろう。

赤	青	緑	黒
青			
緑			
黒			

この場合は可能な塗り方が4つある。

解：

赤	青	緑	黒
青	赤	黒	緑
緑	黒	赤	青
黒	緑	青	赤

赤	青	緑	黒
青	赤	黒	緑
緑	黒	青	赤
黒	緑	赤	青

赤	青	緑	黒
青	緑	黒	赤
緑	黒	赤	青
黒	赤	青	緑

赤	青	緑	黒
青	黒	赤	緑
緑	赤	黒	青
黒	緑	青	赤

これは**有限群の分類**という題がついた難解な問題である。

最後の問題が色ではなく数字だったら、そのほうがやさしいだろうか、それとも難しいだろうか。実際には色であることは関係ない。

1	2	3	4
2			
3			
4			

では、文字だったらどうだろう。

a	b	c	d
b			
c			
d			

　数字や文字に変えてこのも問題の背後にある数学を変えることにはならず、これはパターンに関する問題で、升目がどうラベルづけされていようと関係ない。

第4章　プロセス

パフペーストリー

【材料】

強力粉　450g
バター　450g
冷水
塩少々

【作り方】

……

このシンプルな材料の組み合わせで作る方法はさまざまなものがあり、その多くは結果としてパフペーストリー（折り込みパイ生地）にはならない。パフペーストリー作りは冷やす、のばす、折るを繰り返す長く厳密なプロセスであり、これによっておいしそうなバターたっぷりの繊細な層が生まれ、それがパフペーストリーをほかの種類のペーストリーと異なるものにしている。しかし、このプロセスが理由で、パフペーストリー作りは難しいといわれている。ショートクラストペーストリー（練り込みパイ生地）のほうがずっと簡単で、同じ材料（ただしバターが少ない）を使い、それをフードプロセッサーに放り込むだけでよい。

数学の素晴らしい特徴のひとつが、ペーストリーと同じように、非常にシンプルな材料を使って非常に複雑なシチュエーションを作れることである。しかし、やはりパフペーストリー作りと同じように、ちょっとした拒絶反応を起こさせることもある。じつは私は、注意深く指示に従えば、パフペーストリーもそんなに難しいとは思わない。たとえあなたが自分で作ってみたいと思わなくても、きっとそれでもこんなシンプルな材料がおいしいパフペーストリーに変わるという事実を面白いと思うだろう。数学でするのはプロセスを理解することで、たんに最終的にできたものを食べることではない。

ニューヨークマラソン

A から B へ到達することだけではない

2005 年に私はニューヨークマラソンを走った。これはたいしたことだと思うので、可能なときはいつでもそれを自慢する。正直なところ、「走った」というのはちょっと無理がある。「早足で歩いた」というほうが正確だろう。だが、最初から最後までやり抜いたし、それを証明する写真もある。

ニューヨークマラソンは、たとえばシカゴマラソンのようなほかのいくつかのマラソンとは異なり、ある場所から別の場所へ実際に移動する。スタテンアイランドをスタートし、セントラルパークでゴールする。これに対しシカゴでは、グラントパークをスタートし、そしてゴールは……グラントパークである。しかし誰も、たんに A から B へ行くことがマラソンを走る目的だとは思っていない。**どうやって**ゴールに到達するかが重要なのである。ゴールに到達するのが目的なら、シカゴマラソンではみんなじっと立っていればいい。

マラソンを走ったことがあると人に話すと、実際それは、自分は数学者だと人にいうのと似たようなことになる。素晴らしいと思う人もいれば、頭がおかしいんじゃないかと思う人もいる。いったいなぜそんなことをするのだろう？　と。

重要なのは旅そのものであって、たんに目的地へ到達することではない。ただし、たんにどこかへ到達するだけが目的の旅も**ある**（たとえば朝、出勤する場合）。しかし、それ以外の旅は発見したり味わうプロセスが重要である。数学を正しい答を得るプロセスとみなすのはたやすい。そして一部の数学はそのようなものである。だが**圏論**では、ニューヨークマラソンのように、旅そのものと途中で何が見えるかのほうが重要である。何を知っているかではなく、**どうやって**それを知るかということが問題なのである。これはかなり微妙な問題である。私があなたに「これこれの事実を知っていますか？」と尋ねたら、その答はイエスかノーのどちらかである。しかし、「この事実をどうして知っているのですか？」と尋ねると、答は非常に長く複雑になる可能性があり、それを知っているか否かという単純な事実よりずっと面白い。

ピックポケット／プットポケット

最終結果だけが問題ではないとき

あなたはポケットに10ポンド札を入れているとする。今、あなたが気づかないうちに誰かがそれを盗む。そして、さらに奇妙なことに、ほかの誰かがあなたのポケットに10ポンド札を滑り込ませる。この時点で、あなたはポケットに10ポンド札が入っていると思っている。しかし、そう思っている理由は完全に間違っている。では、あなたは正しいのだろうか、それとも正しくないのだろうか。じつは、結論は正しいが、推論が間違っているのである。

数学ではこれは**間違った答**とみなされる。なぜなら、関心があるのは答そのものでなく、正しい答に至るプロセスだからである。

正しい答が出る誤った推論の例を示す。

$$\frac{4}{6} - \frac{1}{3} = 4 - \frac{1}{6} + 3$$
$$= \frac{3}{9}$$
$$= \frac{1}{3}$$

上記の式の最終的な答は正しいが、これは分数を引き算する正しいやり方ではない。正しい論法のひとつが、共通の分母6の上にすべてを置くやり方である。

$$\frac{4}{6} - \frac{1}{3} = \frac{4}{6} - \frac{2}{6}$$
$$= \frac{2}{6}$$
$$= \frac{1}{3}$$

思い違い

目的が手段を正当化しないとき

誰かが幸せに感じているが、あなたにしてみればその人は間違った理由で幸せなのだと思うとき、あなたは介入するだろうか。ずっと酔っ払っているから幸せだったら？ 自分が神だと確信しているから幸せだったら？　幸せなのはあなたが信じていない神のおかげだと信じていたら？

逆に、彼らが正しいけれど不幸だったら？　いい方を変えると、目的が手段を正当化するのだろうか。

数学は目的が手段を正当化**しない**世界である。手段が目的を正当化するのである。まさにそれが、数学が存在する理由である。それは**数学的証明**と呼ばれる。それがどんなものか少し見ていこう。

ふたつ間違えば正しくなる

なぜ正しい答を得ることがすべてではないのか

多くの細かなステップを踏んで何種類かの計算をするように学生たちに求める試験問題の答案を採点したことがある。そしてわかったのだが、彼らがプラス／マイナスの間違いをしがちなステップがいくつもあって、結果的に－1倍して答を間違う可能性があった。たとえば正解は100なのに、間違って－100という答を出すのである。

厄介なのは、こうした間違いを**2回**すると、間違いが修正されて100という答に戻ってしまうことだった。この間違いを犯す可能性があるステップが6つくらいあったのをおぼえている。このため、学生が間違ってもその回数が偶数であるかぎり、正しい答になる。そして彼らは、推論で2回、4回、あるいは6回間違いを犯したのである。

算数やそのほかの学校で習う数学より上のレベルの数学では、自分が正しい答を出したと知るにはプロセスが正しいことを確認するしかない。それは、エッフェル塔を見つけようとしていて、誰でもエッフェル塔がどんな姿をしているか知っているから見つけたことがわかるのとは違う。むしろ過ぎ去った時代の探検家に似ている。彼らはGPSも地図も持っておらず、そのため自分がどこにいるのか知るには、たどった道を非常に注意深く地図に落とすしかなかったのである。

どうして？　どうして？　どうして？

なぜ幼い子どもは核心をつくのか

3歳児と一緒に過ごしたことがあれば、彼らが理由を尋ねるのを決してやめないのを知っているだろう。決して。

「どうしてもっとデザートを食べちゃいけないの？」

だって、もう十分食べたでしょ。

「どうして？」

そうしないと砂糖のとりすぎになって、眠れなくなるからよ。

「どうして？」

うーむ、血糖値が急上昇して、代謝率が突然増加して……

残念ながら、私たちが子どものこの手の本能を押さえ込むのは、もしかしたら、たんにしばらくすると少々面倒になってくるからかもしれない。そしてもしかしたら、たちまち私たちが答を知らない核心に到達し、「知らない」といわなくてはならないのが気に入らないからかもしれない。あるいは、物事についての自分自身の理解の限界に達するのが嫌だからかもしれない。

しかし、子どもが生まれつきもっている直感はすばらしい。それは**知識**と**理解**の違いである。ときには大人を困らせようとしているだけのこともあるし、ベッドへ行くのを引き伸ばそうとしているだけのこともあるが、多くの場合、彼らは本当に物事に困惑し、もっとよく理解しようとしているのだと私は思う。

数学の根底には、ものごとを知るだけではなく、理解したいという願望がある。いろいろな意味で私は、「どうして？」と問い続けるよちよち歩きの幼児であることを決してやめなかった。数学は、こうした「どうして？」の質問に答える、私が見つけたもっとも満足のいく方法である。しかしその後、必然的に私は数学自体について「どうして？」と問い始め、それこそが圏論の領域である。

数学的証明

数学においては「どうして？」という問いは**証明**の形で答えられる。数学における証明は、普通の生活におけるこの言葉よりもう少し強いものを意味する。第２章で論じたように、それは証拠を集めるのではなく論理を使って行なう。

たとえば、すべてのカラスは黒いということを証明しようとしているとしよう。あなたはカラスをさがし始める。最初に見かけたものは黒い。2番目に見かけたものも黒い。3番目も黒い。あなたはさがし続ける。ではいつ、すべてのカラスが黒いとするに十分な証拠を得たと判断するのだろう。100羽見て？　1000羽？　100万羽？　それでもまだ、そこらへんに1羽、紫色をした変わり者のカラスがいるかもしれない。

じつをいうとカラスは本当に**論理**に従って振舞うわけではないため、論理的証明はきわめて難しい。カラスが黒いことの何か反駁不可能な遺伝的原因を見つけるといったことをする必要があるだろう。

これが、数学においてはもっぱら、論理に従った振る舞いを**する**ものに注目する理由である。数学的方法を使った証明に取り掛かろうとするとき、証拠はそれについてヒントを与えてくれるが、それでも間違っている可能性がある。何らかの「証拠」があるため真かもしれないと考えて証明に取り掛かるが、結局、すべてが完全に間違いだったとわかるというのは、研究数学ではよくあることだ。

次のことを証明しようとするのはどうだろう。

すべての正方形は4つの辺をもつ。

これはちょっとばかばかしい。正方形が4辺をもつのは、もともと正方形の定義に含まれていることである（カラスは黒いというのは、カラスの定義に含まれているだろうか？）。だが、定義によって単純に真というわけではないことの証明を試みる必要がある。

では次のことを証明してみよう。

6で割り切れるすべての数は2でも割り切れる。

まずは何か証拠をさがしてみよう。6で割り切れる数は？　そう、

12は確かに6で割り切れ、そして2でも割り切れる。では18は？これもうまくいく。24はどうか。これもいい。この時点で、非常に納得した**気持ち**になるかもしれない。そしてそれは重要である。納得した気持ちになるのは納得**すること**の重要な部分を占め、何かについて人を納得させることこそが数学の目的である。

だが、こんなことではなくて、**なぜ**それが真なのか明らかにすることができるだろうか。6が偶数であることと関係がありそうだと気づいた人もいるかもしれない。

24で試してみよう。24が6で割り切れるのはわかっている。なぜなら、

$$24 = 6 \times 4$$

だと知っているからだ。しかし、

$$6 = 3 \times 2$$

でもある。したがって、これを代入して、

$$24 = 3 \times 2 \times 4$$

とすることができ、これは24が2で割り切れることを示している。また、同じように4を素因数に分解することもでき、前章で見た24の素因数分解をすることができる。

$$24 = 3 \times 2 \times 2 \times 2$$

ただし、今はここまでする必要はない。積にひとつでも2が現れたら、24が2で割り切れることがわかり、やめてもかまわない。

これは、6で割り切れるどんな数も必ず偶数でもあることを意味するだろうか。じつはそのとおりで、これからその理由を調べてみよう。まず、次のように述べて、この事実をもっと明確にしなければならない。「どんな数も」を表すためAと書こう。

Aが6で割り切れ、6が2で割り切れるなら、Aは2で割り切れる。

ここで、6の代わりに任意の数Bを使い、2の代わりに任意の数Cを使って、もっと一般的に使えるものにできる。すると、次のようになる。

AがBで割り切れ、BがCで割り切れるなら、AはCで割り切れる。

このように数をすべて文字で置き換えると、あなたはどんな気持ちになるだろう。この瞬間、多くの人が数学について落ち着かない気持ちになり始める。人によってはやりすぎかもしれない抽象化のステップだが、これには重要な意味がある。こうすると、6と2という特定の数についてだけでなく、数についてもっと広く真であることを理解できるのである。今、A、B、Cは**どんな数**であってもよいのだから。

さらに、最後にひとつ前に戻るこの手順については、あなたも見たことがあるかもしれないほかのこととの類似を指摘できる。A、B、Cを使った上記の文が、次のような文と似ていることがわかるだろうか。

* AがBより大きく、BがCより大きければ、AはCより大きい。
* AがBより安く、BがCより安ければ、AはCより安い。
* AがBに等しく、BがCに等しければ、AはCに等しい。

A、B、Cの間のこの種の関係は「推移的関係」と呼ばれる。数学者がこれに名前をつけたのは、それがさまざまなシチュエーションで生じるため、すぐに言及でき、ほかの似たようなシチュエーションのことを思い起こせて便利だからである。ほかにも同じような関係が成り立つか考えてみよう。

A、B、Cを人間とする。

(1) AがBより年上で、BがCより年上であれば、それはAがCより年上だということか？
(2) AがBより背が高く、BがCより背が高ければ、それはAがCより背が高いということか？
(3) AがBの母親で、BがCの母親であれば、それはAがCの母親だということか？
(4) AがBと同じ誕生日で、BがCと同じ誕生日なら、それはAがCと同じ誕生日だということか？
(5) AがBの友人で、BがCの友人なら、それはAがCの友人だということか？
(6) AがBと結婚していて、BがCと結婚していれば、それはAがCと結婚しているということか？
(7) 今度はA、B、Cが場所だとする。AがBの東にあり、BがCの東にあれば、それはAがCの東にあるということか？

最初のふたつは確かに真である。しかし、3番目は真ではない。AがBの母親でBがCの母親なら、AはCの**祖母**である。このため、誰かの母親であることは推移的ではないといえる。しかし、誰かと誕生日が同じだということは推移的である。誰かの友人であることはどうだろう。あなたは、あなたの友だちの友だち全員と友だちだろうか。

誰かと結婚していることはどうだろう。複婚が許されないなら、ひとりの人としか結婚していないはずだ。つまり、AがBと結婚していて、BがCと結婚しているなら、AとCは**同一人物**でなくてはならない。そしてそれは、絶対にAはCと結婚していないことを意味する。

最後に（7）について考えてみよう。3つの場所A、B、Cがみなひとつの都市あるいはひとつの国の中にあれば、これは真である。しかし、全世界を含めると、ぐるりと回ることができるため、困ったことになる。長いこと東へ進み続けると、ついには出発したところに戻るかもしれないのである。これは、範囲を（単一の都市や単一の国に）限定すると、全世界を見る場合より物事が理解しやすくなる例である[3]。

では、先ほどの数を使う例に戻ろう。「何かで割り切れること」は推移的である。しかし、厳密な論理を用いてそれをきちんと証明するには、「何かで割り切れる」を論理を使って操作できる厳密な表現にしなければならない。これがもうひとつの、人々が落ちつかない気持ちになるかもしれないステップである。論理を使う位置につくには、数に関して自分が理解していると思っていることが用いられている場所を離れなければならない。それまでの快適な領域を離れなくてはならないのである。しかし、長期的な利益は大きく、直感と本能では進めないが、論理を使えば進むことのできる場所がある。飛行機に乗って世界を見るには我が家の快適さを手放さなくてはならないのに似ている。先ほどの割り切れることについての例の場合、手順は次のようになる。

A は B で割り切れる

これは、

A は B の倍数であることを意味し、これは

k を整数とすると、$A = k \times B$

であることを意味する。

3　そのようには見えないかもしれないが、これはじつは純粋に数学の例である。数学者は大きく複雑な面を調べるとき、最初は範囲を小さな区域に限定して調べる。そして、「近傍」という用語を使う。

これで先へ進む準備ができた。厳密な数学の言葉で書き表すと、非常に具体的な構造を用いるため、起こったことに誰もが同意できるようになる。それは、みんなに中盤がどうなるか話す前に結末がどうなるか話すことを除いて、導入部、中盤、結末のある物語を書くのに似ている。

導入部は、仮定と定義が何か述べるところである。それは物語の場面設定をする、あるいは劇の冒頭に配役の一覧を書き出すのに似ている。次のようになるだろう。

定義 1. 任意の自然数 A と B について、k を何らかの自然数とするとき、A = k × B であれば、A は B で**割り切れる**という。

こうして結末、つまり目標としている最終結果が何か明らかにされる。数学では、「最終結果」の名前に、それがいかに高尚で独創的と考えられるかによって階層が存在する。小さなものは「補題」、中程度のものは「命題」、かなり重要なものは「定理」と呼ばれるのである。何かが真ではないかと推測されているがまだ実際には証明されていない場合、それは「予想」または「仮説」と呼ばれる。このため「ポアンカレ予想」や「リーマン仮説」もあれば「フェルマーの最終定理」もある。

実際には、名前をつける手順にはあまり一貫性がない。なぜあるものが「予想」で別のものが「仮説」でなければならないのかはっきりしない。さらには、**法則**の章で説明したフェルマーの最終「定理」は、そもそも証明が発表される358年前から定理と呼ばれており、これはまったく公平ではない。非常に重要なことなのに「補題」と呼ばれているものもあり、ちょっと謙遜のように聞えるが、最初はその重要性が認識されていなかったせいもあるだろう。

ポアンカレ予想は、どんな種類の3次元図形が可能かという問題に関するものである。これは、ある2次元の面が境界をもたず、穴のない3次元立体の表面であれば、それは球面でなければならないという事実の、3次元での一般化である。もっと高次元の場合は4次元の立体を想像する必要があるため、それが何を意味するのか想像するのが難しい。これは視覚化するのが難しいが、数学で推論するのは簡単である。アンリ・ポアンカレは1904年にこの予想を提示し、彼自身がその証明方法を知らなかったので「予想」と呼ばれた。それは100年後にようやくグリゴリー・ペレルマンによって証明された。

リーマン仮説は素数の分布に関するものである。素数は1とそれ自身のみで割り切れるもので、最初のいくつかは2、3、5、7、11、13、17……となる。何らかのパターンを形成すると思われるかもしれないが、そうではなく、どこに素数が現れるか知る方法はない。しかし、素数が比較的現れそうなところを予想する方法はあり、リーマン仮説はそれをするとくによい方法を与えてくれる。ベルンハルト・リーマンが1859年にこれを提唱し、以来、現在も証明されていないため、まだ「仮説」と呼ばれている。

整除性（割り切れること）についてこれから証明しようとしていることは、数のコンテキストにおいてかなり重要なため、それを命題と呼ぶことにする。

命題2. AがBで割り切れ、BがCで割り切れるなら、AはCで割り切れる。

すでに物語の導入部と結末は話したので、重要な中盤部分、すなわち導入部から結末に至るプロセスについて話そう。それは証明と呼ばれる。

証明. 次のことが成り立つと仮定する。

(1) AはBで割り切れ、したがって何らかの自然数kについてA = k × Bとなり、
(2) BはCで割り切れ、したがって何らかの自然数jについてB = j × Cとなる。

するとA = k × j × Cとなり、k × jは自然数である。

したがって、何らかの自然数mについてA = m × Cとなる。

このため、定義により、AはCで割り切れる。

終わり。 □

数学者は本当は末尾に「終わり」とは書かず、終わりを示すために□を描くだけ、あるいは「Quod erat demonstrandum」(おおよそ訳せば、「以上が証明されるべきことであった」)の略である「QED」を書く。

あなたはこの証明のどこかでわからなくなっただろうか。数学的詳細に入る前に、最初の答で満足していただろうか。ほかにいくつか「なぜ?」の質問を、さまざまなレベルの答とともに示そう。各答が不十分、十分、あるいは限界を超えていると思うかどうか自問することにより、自分がどのくらいのレベルの抽象化ならよいと思っているか知ることができる。

質問:なぜみんな3本足の腰掛けを使うのか?

(a) 3本足の腰掛けは、4本足の腰掛けより安定しているから。
(b) 4本の足を床に置いてみると、4本のうちの1本がほかより少し突き出ていて床との間に隙間ができることがあり、それはこの腰掛けがぐらぐらする可能性があるということである。
(c) 3次元空間で任意の3点が与えられているとき、それらすべてを通る平面が存在するから。これに対し、任意の4点が与えられているときは、それらをすべて通る平面が存在しないかもしれない。

質問：オクターブ音は快いのに、ほかの音の組み合わせは調和していないように聞えるのはなぜか？

(a) オクターブ音は基本的に同じ音色の音で構成されているため、互いにうまく調和するから。
(b) オクターブ音はもともと倍音であり、そのためある音を演奏すれば、すでに上のオクターブの倍音が出ているから。
(c) 上のオクターブ音の波長は下のオクターブ音の波長の正確に半分で、このため両者の間に干渉がないから。

どちらの場合も3つの答はすべて正しいが、異なるレベルの説明をしている。最初の答で満足するか、それともまだ知りたくてさらに説明を求めるかは、個人の好みの問題である。それは、どんな事実を「基本的」あるいは「定められた」こととして抵抗なく受け入れられるかということである。数学は、論理のルール以外、ほとんど何も基本的あるいは定められたこととみなそうとしない。つねにさらなる説明を求めるのである。

第5章　一般化

オリーブオイルプラムケーキ

【材料】

プラム　2～4個
卵　1個
アーモンド粉　100g
アガベシロップまたはメープルシロップ　75g
オリーブオイル　75ml

【作り方】

1. プラムをごく薄く切り、切り口を下にして、紙をしいたケーキ型にきれいに並べる。
2. 残りの材料を一緒にしてかき混ぜ、ケーキ型の中のプラムの上にそっと流し込む。
3. 180℃で20分または金褐色になるまで焼き、ねかせる。
4. プラムが上になるように、ひっくり返す。

新しいレシピを考え出したことのある人ならきっと、本やオンラインにあるレシピから始めて、自分自身の好み、思いつき、あるいはアレルギーに合わせてアレンジしたことがあるだろう。つまり、自分が知っている好きなシチュエーションから始めて、ちょっと似ているが違う──そしてもしかしたらさらによい──ものができないか考えるのである。

幼い頃、私は食品着色料にアレルギーがあり、優しい両親は、魅力的な（あるいはぞっとするような）鮮やかに着色されたゼリーの箱からではなく、ゼリーを最初から作る方法を考えてくれた。のちに私は小麦アレルギーの人と付き合っていたとき、小麦の入っていないデザートをたくさん発明した（それは小麦の入っていないメインディッシュを作るのよりは少し簡単だ）。さらにのちには、私は砂糖を避けるようになり、ほかに乳製品をさけている友人たちもいた。友だちのために料理することについての最近の不満は、とても大勢の人が奇妙な食事制限をしていて、一度にみんなに合う料理を作るのは不可能だということである。そんな友人がいたら、いくつも選択肢がある。食事に招かないでおくこともできるし、彼らの好みを無視して自分の好きなものを料理することもできるし、食物を自分で持ってくるように頼むこともできる。そして、あえて難題に取り組むこともできる。

このオリーブオイルプラムケーキは、グルテンなし、乳製品なし、砂糖なしで、旧石器時代食（パレオダイエット）にも適合するように考え出したものである。パーティでこれが食べられなかった唯一の客は、当時、ズッキーニとギー［水牛などの乳から作られた液状バター］しか食べていなかった人である。みんなおいしいといってくれたが、これは何かと聞かれたとき、なんと呼んだらいいかわからなかった。なぜなら、それは本当の「ケーキ」とまったく同じというわけではないからである。それはケーキを**一般化**したものである。ケーキと共通するものをもっていて、ケーキのように見え、ケーキのように作られ、ケーキの役目を果たすが、それでもなおケーキとまったく同じというわけではない。そして、それは普通のケーキでは対応できないシチュエーションで役に立つ。

これは、数学における一般化のポイントでもある。よく知っているシチュエーションから始めて、もっと多くのシチュエーションで役に立つように少し変更するのである。それが一般化と呼ばれるのは、ある概念をより一般的なものにするからで、それにより「ケーキ」の概念が正確にはケーキではないが近い何かほかのものも包含できるようになる。あとで見ていくように、それは言葉の使い方が違うだけの概括的な表現と同じではない。

一般化の一例が、**合同**な三角形から**相似**な三角形へ移る場合である。合同な三角形は正確に同じものである ── 角の大きさも辺の長さも同じで、つまりは「形」も「大きさ」も同じである。

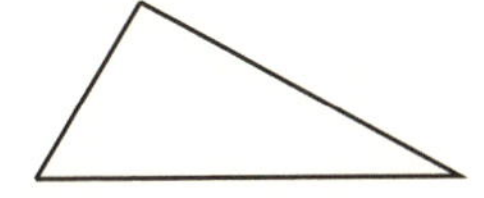
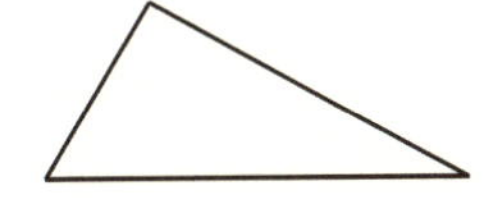

相似な三角形の場合、要求されるのは形が同じことだけで、必ずしも大きさは同じではない。それはつまり、やはり角の大きさは同じでなければならないが、辺の長さが同じというルールがはずされているのである。

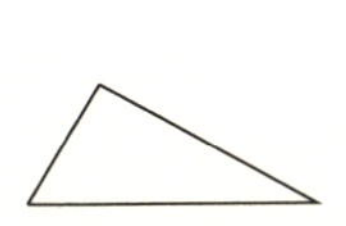
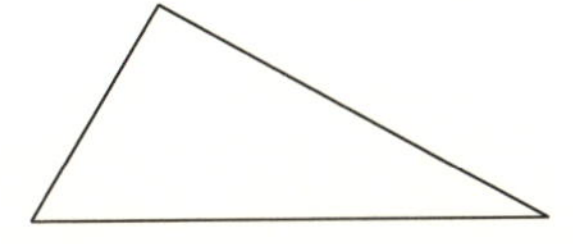

ルールをゆるめたため、条件を満たす三角形は比較的たくさんあるが、それでも何でもよいというわけではない。

粉なしチョコレートケーキ

省略することによって何かを発明する

お茶を入れるのに本当に湯を沸かす必要があるということを「証明」しようとしていると思ってほしい。おそらくあなたは、試しに湯を沸かさずにお茶を入れてみるだろう。そして、ひどい味がする（あるいはまったく味がしない）のを発見し、お茶を入れるためには湯を沸かす必要があると結論づける。

あるいは、自動車を走らせるのにガソリンが必要だということを「証明」しようとしているとしよう。タンクが空の状態で自動車を走らせようとし、どうしても動かないことが明らかになる。したがって、自動車を走らせるにはガソリンが必要だと結論づける。

数学ではこれは**背理法**と呼ばれる。証明しようとしていることの反対をして、その場合に何かひどく不都合なことになるのを示し、したがって最初から正しかったのだと結論づけるのである。

簡単な背理法の例を示す。n は整数で n^2 は奇数だとする。すると n も奇数でなければならないことを証明しよう。

まず、この反対が真だと仮定することから始めるのだから、n^2 は奇数だが n は偶数だとする。しかし、偶数に偶数を掛けるとつねに偶数になるため、n^2 は偶数ということになる。これは n^2 は奇数だとしたことと矛盾するため、反対を仮定したことが間違っていたに違いない。したがって、n は奇数だというもともとの判断が正しいに違いない。

ときには、背理法では非常に不満が残る場合もある。それは何かがなぜ真であるかを説明せず、なぜ**偽でありえない**かを説明しているだけだからである。これについてはあとで、「解明する」証明と「解明しない」証明の違いや、何かが偽でないならそれは真に違いないという背後仮定について述べるときに再度触れる。

もっと長い背理法でよく知られているのが$\sqrt{2}$が**無理数**であることを証明するもので、無理数だということはaとbを整数としたときに分数$\frac{a}{b}$の形で書くことができないことを意味する。あなたは、$\sqrt{2} = 1.4142135\cdots\cdots$で、この小数展開は「繰り返すことなく無限に続く」ことを知っているかもしれない。これは無理数であることと関係あるが、証明ではない。証明は次のようになる。

証明.　証明しようとしていることの反対を仮定することから始め、$\sqrt{2} = \frac{a}{b}$となるふたつの整数aとbが存在すると仮定する。コツはこの分数が既約分数であるという仮定もすることで、既約分数であるということは分子と分母を何かで割ってより単純な分数にすることができないということである。

次に、両辺を2乗する。

$$2 = \frac{a^2}{b^2}$$

したがって　$$2b^2 = a^2$$

ここまではよい。だが、a^2は何かを2倍したもの、つまり**偶数**だということがわかる。これはaも偶数でなければならないことを意味する。なぜなら、aが奇数であればa^2も奇数のはずだからである。

aが偶数ということは何を意味しているのだろう。それは2で割り切れるということで、$\frac{a}{2}$がまだ整数であることを意味している。つまり、

$$\frac{a}{2} = c$$

したがって　　　　$a = 2c$

これを上の等式に代入すると、次のようになる。

$$
\begin{aligned}
2b^2 &= (2c)^2 \\
&= 4c^2
\end{aligned}
$$

したがって　　　　$b^2 = 2c^2$

ここで、さっき a についてしたのと同じ推論を b に対して行なうことができる。b^2 は何かの 2 倍、つまり偶数であることがわかり、それは b は偶数でなければならないことを意味する。

これで a と b は両方偶数だということがわかった。しかし最初に $\frac{a}{b}$ は**既約分数**だと仮定しており、それは a と b が両方とも偶数ということはありえないことを意味する。これは矛盾である。

したがって最初に $\sqrt{2} = \frac{a}{b}$ と仮定したのが間違いだったのであり、$\sqrt{2}$ は分数で書くことができないから無理数だということになる。　□

背理法は非常に有効なことがあり、数学者は何かが真であることを直接証明する方法がわからないときに、背理法を最後の手段として使う場合がある。代わりに、それが偽ではありえないことを証明しようとするのである。この種の証明は、ときには望みどおりに事が運ばないこともある。たとえばチョコレートケーキを作るのに小麦粉がどうしても必要なことを証明しようとしているとしよう。このため、粉なしで作ってみる……だが、それが本当はそう悪くはないことがわかるのである。じつはまったく新しい種類のケーキが発明されたのであり、粉なしチョコレートケーキは今では多くのおしゃれなレストランで人気メニューになっている。

イーストとパンについても同じことがいえる。パンを作るのにイーストが絶対必要だということを証明しようとしているとしよう。このため、イーストなしで作ってみる。そして結局、無発酵パンを「発明」するのである。

これは数学でも起こることがある。何かができないことを証明しようとしてやり始めて、偶然に、それがじつはできることを発見するのである。もしかしたら結果がわずかに異なるかもしれないが。こうしてほとんど偶然に、結果として一般化ができる場合がある。この非常に重要な例のひとつが幾何学にあり、それは平行線に関することである。

平行線

天才ユークリッド

昔あるとき、ユークリッドは幾何学のルールを書き始めた。考えていたのは幾何学を公理化すること、つまりそれからすべての幾何学的事実を演繹することのできるルールの短いリストを作ることだった。この基本的なルールは完全に基礎的なものでなければならず、非常に基本的で、ほかの何かから引き出すことは考えられず、疑いなく**真**でなければならなかった。

とにかく、ユークリッドは4つの非常に単純で明白に思えるルールと、困ったことに複雑なものをひとつ提案した。そのルールは次のようになっていた。

(1) 2点の間に直線を引く方法はちょうどひとつある。
(2) 有限な直線を延長して無限に長い直線にする方法はちょうどひとつある。
(3) 与えられた中心と半径をもつ円を描く方法はちょうどひとつある。
(4) すべての直角は等しい。

これらはまったく明白なことに思えるのではないだろうか。そして5番目はこうだ。

(5) 任意の直線を3本引くとき、十分に長く引けば、内角の和が180°より小さくなるように交わるかぎり、どこかで三角形をつくる。

これはすなわち、3本の直線が互いに直角に交わるなら、そのうちの2本は平行で、いくら長くしても、交わって三角形をつくることはないということである。

このため第5法則は、はっきりと平行線に言及しているわけではないが「平行線公準」と呼ばれる。また、第5法則は三角形の内角の和がつねに180°になることもいっている。

この最後のルールはほかのものよりずっと複雑に見え、人々は何百年もかけてそれが法則としては冗長、つまりほかの4つから演繹できることを証明しようとした。それが真でなければ困ることはみんな知っていたが、唯一の疑問は、声高に主張する必要があるのか、つまり大きな声でいわなくてもほかの法則から自ずと導かれるのではないか、ということだった。

人々は延々と論争して、しばしば先の4つの法則から証明できたと思ったが、そのときでも本当は、彼らにはきわめて自明のことに思えても第5法則にほとんど等しい幾何に関する何らかの仮定を意図せず使っていた。このため事実上、第5法則を**使って**第5法則を**証明**していたのである ── といっても、そのようなことは珍しいことではないが。

結局、人々は背理法を試みることにした。つまり、最初の4つのルールは成立するが、平行線公準は成立しないと仮定したとき、どこかほかのところでひどく不都合なことが起こらないか調べ始めたのである。

そして面白いことに、粉なしのチョコレートケーキのように、何も不都合は生じなかった。それは違っているだけだった。新しい種類の幾何学が作り出されたのである。

今では平行線公準を満たさない幾何学が2種類あることが知られている。そのひとつが、自分が球やラグビーボールのような丸いものの表面上にいると想定するものである。そこでは三角形の内角の和が180°より**大きく**なる。これは**楕円幾何学**と呼ばれる。

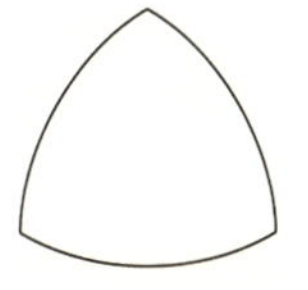

もうひとつは、反対にカーブしている曲面上にいると想定するものである。そこでは三角形の内角の和が180°より**小さく**なる。これは**双曲幾何学**と呼ばれる。

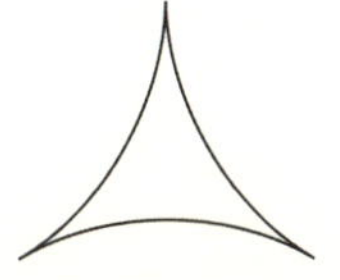

最初に考えていたような平行線公準が成立する場合は、平面の上にいるようなもので、**ユークリッド幾何学**と呼ばれる。

タクシー

距離の概念を一般化する

英語で距離について「as the crow flies」[直訳すれば「カラスが飛ぶように」だが、「一直線に」「最短距離で」という意味で使われる]ということがあるが、実際に移動するときは一直線に移動することはまずない。したがって、AからBの距離は、どのように移動するかによって変わる。おそらく、このことをどのくらい気にかけているかによっても変わるだろう。

電車に乗るとき、普通、最初に乗車券を買って、その後はその列車が正確にどれだけ走るか気にかけない。しかし、タクシーに乗るときは、本当に問題になるのはタクシーがどれだけ走るかである。そこで、(カラスが飛ぶような)直線距離ではなく、「タクシーが走るような」距離について考えてみよう。厄介なのは、これが運転手が遠回りをするのではないかといった問題に影響されうることである。このため、カラスは遠回りをして景色を眺めたりしないで最短ルートをとると仮定するのと同じように、運転手は正直だと仮定したほうがよいだろう。重要な違いは今度は距離が一方通行のようなことに左右されるという点で、カラスの距離が従っている法則が突如としてタクシー運転手では成立しないかもしれないのである(もしかしたら、ある日、本当にカラスのように一直線に運んでくれる空飛ぶタクシーが登場するかもしれないが、まだそんなものはない)。

一例を示そう。カラスの場合、AからBへ行く距離はBからAへ行く距離と等しい。だが、これはタクシーにはあてはまらない。たとえば、一方通行の通りの端でタクシーを拾って、もう一方の端まで乗っていく場合、遠回りしなければならない帰り道より、移動距離がずっと少なくてすむ。

シェフィールド駅とシェフィールド市庁舎の間をGoogleマップで調べると、次のようになる。

車で駅から市庁舎　1.4マイル（約2.3キロ）

車で市庁舎から駅　0.9マイル（約1.4キロ）

直線距離　0.5マイル（約0.8キロ）

ロンドンのようなところでは、AからBまでのタクシー距離を知るのはかなり難しい。それは、一方通行が複雑、通りのカーブが多い、全体で料金がいくらになるか心配でとても距離に集中していられない、といった理由からである。このため、次のような理由でタクシー距離を出すのがずっと簡単なシカゴを例に話をしよう。

(1) たいてい格子状になっており、道路はみな長くてまっすぐで直角に交わっている。
(2) 地番が距離に応じてつけられている。たとえば「5734サウス」（シカゴ大学数学科の番号）は、そのビルがゼロからどれだけ南に離れているかいっているのであって、5734番目のビルではない。それを最初に説明されたときは、かなり驚いた。800＝1マイル（約1.6キロ）なので、タクシーがどれくらい走ることになるか、比較的簡単に計算できる。
(3) 一方通行の配置はかなり考えてあって、そのため、どうなっているか知っていてうまく角を曲がれば、あまり引き返すことなく行きたいところに到達することができる。
(4) ロンドンにくらべてタクシー料金がずっと安いので、いくらかかるかそれほど苛々と気にしなくてすむ。

費用について気にすることを別にすれば、じつはタクシーではなくほかの種類の自動車に乗っている場合でも同じことである。しかし、これは**タクシー距離**と呼ばれる純粋に数学的な概念である。それは、数学者がタクシーの中に座っているときに考えるようなことだからかもしれない。それに対し、自家用車に乗っていたら、交通に集中していてほしいと思われるだろう。距離様の概念がどんな性質をもつか調べていると、しだいに「メトリック」の概念へと近づいていく。

もちろん、シカゴは**厳密には**すべて格子状というわけではなく、大きなハイウェーが格子を斜めに横切っている。しかし、さしあたっては斜めの道路に関する細かなことは無視することにする。都合の悪い細かなことを捨て去るプロセスは一種の「理想化」で、数学の重要な部分である。これは不満に思えるかもしれない（現実にシカゴには対角線状のハイウエーが**ある**）が、重要なのは何かを正確にモデル化することではなく、それに光をあてることである。ここでしたいのは、この「距離」の考え方に光をあてることである。そこで、シカゴをタクシーが直角にのみ曲がって走る「理想的な格子」とすると、Ａ からＢへ行くタクシー距離は単純に、

水平距離＋垂直距離

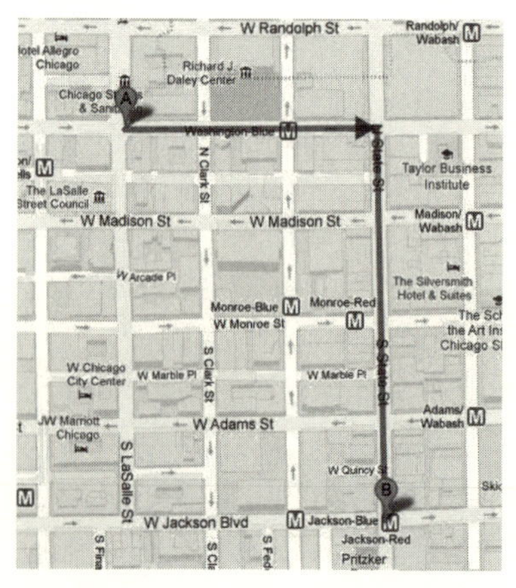

となる。

つまり、運転手がどんなに工夫したルートを取ろうと、単純に最初にずっと横へ行ってそのあとはずっと縦に行くのより短いルートはないのである。たとえば次のように

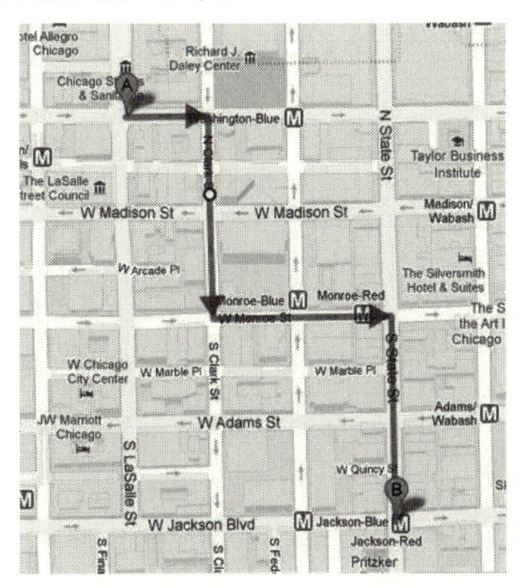

違うところで曲がっても距離は同じで、こんなことをするのは角を曲がるのにかかる時間を考慮していないからである。しかし、次のようにじつに奇妙なことをしたら、距離は長くなる。

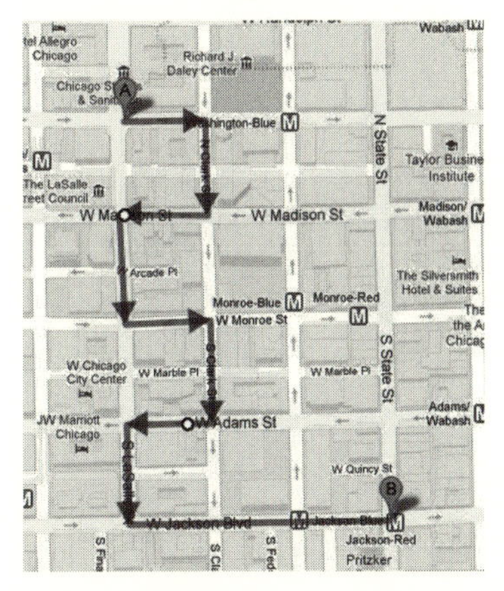

ピタゴラスの定理について何かおぼえているなら、それから直角三角形の斜めの辺の長さの計算方法がわかることを思い出してもらえるかもしれない。この場合、それがカラスが飛ぶ最短距離である。

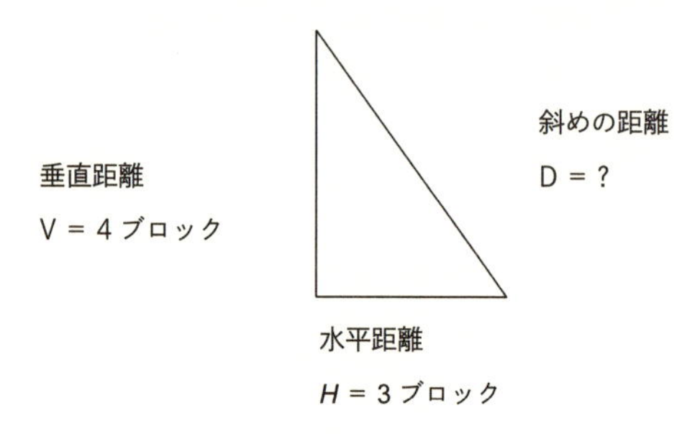

そしてピタゴラスの定理の場合、それは「斜辺」と呼ばれている。ピタゴラスの定理は次の通りである。

斜辺の２乗は、ほかの２辺の２乗の和に等しい

上図の場合は

$$D^2 = V^2 + H^2$$

となり、斜めの最短距離を出すことができる。

$$\begin{aligned} D &= \sqrt{V^2 + H^2} \\ &= \sqrt{4^2 + 3^2} \\ &= \sqrt{16 + 9} \\ &= \sqrt{25} \\ &= 5 \end{aligned}$$

カラスは5ブロックの距離を飛ぶだけでよいのである。しかし、タクシーは垂直距離と水平距離を走らなければならない。

$$\begin{aligned}\text{タクシー距離} &= V + H \\ &= 4 + 3 \\ &= 7\end{aligned}$$

タクシーは7ブロックの距離を走らなければならない。カラスは格子を斜めに飛ぶようなルートをとるほうが確実に短いことを知っている。だが、タクシーの場合、できるだけ斜めに格子をくねくねと進んでいこうとしても、役には立たないだろう。やはり水平と垂直の直線で小刻みに進まなければならず、水平距離の合計と垂直距離の合計は変わらない。そして、なお悪いことに、その過程で何度も角を曲がらなければならないのである。

それでもタクシー距離は「距離」の考え方として申し分なく、一般化のひとつの例である。ここでも慣れ親しんでいる考え方をとりあげたが、今度はほかの考え方でこれと少し似ているがいくらか違うものがないか見てみよう。どんなものが「距離」とみなされるべきだろう。この理想化したタクシー距離は、カラス距離も従うふたつの非常に重要なルールに従う。

(1) AからAまでの距離はゼロで、距離がゼロとなる**唯一の**場合である。
(2) AからBまでの距離は、BからAまでの距離と同じである。

しかし、第3のルールもあり、それはピタゴラスの三角形に関係がある。それは、AからBへ行こうとしているとき、ほかのどこか任意の場所Cを経由していくほうがよいということはありえないというルールである。普通はそうするほうが悪くなる。

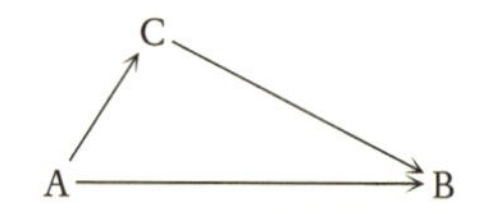

最善の場合でもＣがＡからＢの途中にあるときで、Ｃを経由して行っても違いはない（タクシーの運転手にそうさせようとして苦労したことがあるかもしれないが）。

途中で立ち寄ることについてのこのルールは、三角形の辺に関することなので、「三角不等式」と呼ばれる。もう必ずしも直角三角形でなくてよい。それはピタゴラスの定理の簡易版のようなものである。

ピタゴラス：そうだ！　直角三角形なら、斜辺の長さをほかのふたつの辺から正確に求めることができる！

三角不等式：ふむ、直角三角形でなくても、３番目の辺は**最悪でも**ほかの２辺の合計になることがわかっている。

ここで「最悪」は「最長」（タクシーのことを考えているのだから）を意味し、このため、今いっているのは、三角形の辺をx、y、zとすると最長のxが$y+z$になることがあるという意味である。yとzの辺がほとんど真反対に分かれている極端に細長い三角形のことを考えてみるとよい。次のようにxがかなり長くて、ほとんどyとzを含むような三角形である。

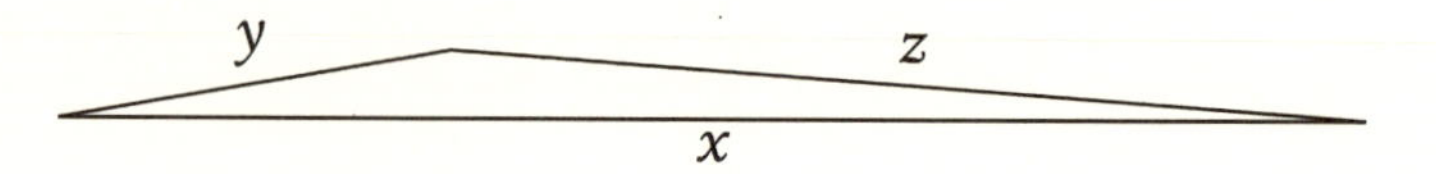

今、この三角形の辺を3つの場所A、B、Cの間の距離と考えれば、上記のことから、「中間停止場所」のルールが得られる。

この三角不等式のルールについては、奇妙なことがふたつあると私は思う。ひとつは、タクシー距離がやはりこのルールに従うことである。ふたつ目は、このルールに従わないごくありふれた「距離様の」シチュエーションがあることで、それは私にとっていつまでも続く欲求不満の原因になっている。それは、電車の乗車券である。

電車の乗車券

距離の概念をもう少し一般化する

イギリスのあちこちでいろいろな電車に乗ったことがある人なら、私が何をいいたいか正確にわかってもらえるだろう。AからBへ行く列車に乗りたいとき、腹の立つことに、どこかほかのところを経由する2枚の片道切符を買ったほうが安くなることがあるのだ。それがとくに馬鹿げているのは、切符を2枚に分けさえすれば、違うルートを通らなくてもよいからである。ここで思い出してほしいのは、AからBへ行くときの実際の距離ではなく、AからBへ行くのにかかる費用について考えているということである。まともな世界では、これは三角不等式に従う ── どこかほかの場所Cを経由して行くほうが安いはずはない。しかし現実にはこのほうが安い、あるいは少なくとも安いことがあるのだ。

たとえばシェフィールドからカーディフへ行くには、シェフィールドからバーミンガムまでの片道切符と、バーミンガムからカーディフまでの片道切符を買うほうが安くなる。

シェフィールドからガトウィックへ行くには、シェフィールドからロンドンまでの片道切符と、ロンドンからガトウィックまでの片道切符を買うほうが安くなる。

シェフィールドからブリストルへ行くには、シェフィールドからチェルトナムまでの片道切符と、チェルトナムからブリストルまでの片道切符を買うほうが安くなる。

イギリスの電車の乗車券の値段については、ほかにも奇妙なことがいろいろある。

＊２等より１等で行くほうが安いことがある。
＊遠くへ行くほうが安いことがあり、たとえばロンドンからイーリーはロンドンからケンブリッジより安くなるが、イーリー行きの列車は途中でケンブリッジに停車する。
＊フレキシブルチケット（一日のうちいつでも乗れる切符）を買うほうが、オフピーク（閑散時）だけ乗れる切符より安いことがある。

これらの点を距離の３つのルールとの関係で説明するのはわりと難しく、それは費用と距離あるいは費用と時間の相互関係が大きくかかわっているからである。このため、今はそうしたことは置いておこう。数学ではしばしば、まず、より簡単なことに注目するが、それは意気地がないからではない。難しいことはより簡単なことの積み重ねによってでききていることが多いので、まずはより簡単なことを明らかにしなくてはならないからである。

なぜルールが課せられるのか知るためには、ルールに従わ**ない**シチュエーションに目を向けることが多い。なぜ地下鉄で飲酒が許されていないのか？　それは、飲んだ人が騒ぎを起こしたからである。なぜ地下鉄の駅で喫煙が許されていないのか？　それは、人が死亡する大火事があったからである。これは、たんにルールを暗記したりレシピの指示に盲目的に従うのではなく、物事の背後にある法則を理解したいと思うのとよく似ている。

ここでの距離のルールは次の３である。

(1)　ＡとＢが同じ場所のときＡからＢまでの距離はゼロで、これは

A からBへの距離がゼロになる**唯一の**場合である。

(2) A からB までの距離はB から A までの距離と同じである。

(3) A からB の距離をC を経由していくことによって短くすることはできない。

今、距離の概念についての公理のリストを提案したのだが、ルールのリストを提示されたときにしばしばかられる誘惑を実行に移す。つまり、それらを破ってみようと思う。数学でルールを破ろうとするときの目的は、気まぐれな反抗ではなく、設定した世界の強度や境界を確かめることにある。

私たちはすでにルール3とルール2を破る距離に似たシチュエーションを知っているが（前者は電車の乗車券、後者は一方通行）、ルール1についてはどうだろう。ルール1に違反する現実のシチュエーションはないと思われるかもしれないが、ひとつある。

オンラインデート

距離の概念をさらに一般化する

GPS は驚くべき技術である。つまり、私はとくにバスに乗ったときにかつてのように迷うことがずいぶん少なくなった。スマートフォン上の地図で自分の位置を追っていくことができ、それからバスを降りると驚いたことに正しい場所にいるのである。

GPS はある程度直接的なオンラインデートも可能にした。旧式の遅いモデルでは、自分と同じ都市に住んでいるか、たとえば100マイル（約160キロ）以内、あるいは200マイル（約320キロ）以内に住んでいるか、といったことを知ることができた。だが、いまやGPS で、**たった今**その人物が何**メートル**離れたところにいるか知ることができる。友人たちがバーでこれを（もちろん、ただの冗談で）するのを見たことがあり、誰かがいかに近くにいるかを見る興奮、とくにふたりが近づいているときの興奮は誰の目にも明らかである。「あ、この人200メートルしか離れていない……150メートル……50メートル……待って、つまり彼はここにいるってこと？」

しかし、これは大きな失望をもたらすことがある。なぜなら、その距離はGPSだけに基づいたもので、地面からどれだけ離れているか考慮していないからである。友人は、ホテルのどこかの部屋にひとりいて、「ゼロメートル離れたところ」にいるはずの、興味をもった人の数に途方にくれた。「そしてそれでも、僕はホテルの部屋でひとりぼっちなのさ」と嘆いた。

これは、距離の第1ルール ── 実際に同じ場所にいるにときのみ距離がゼロになりうる ── に従わない距離に似た概念の例である。それは、オンラインデートの問題を嘆くよりもう少し有用ないくつかのシチュエーションでも問題になる。たとえばその「距離に似た概念」が本当にAからBまでの距離でなく、何かをAからBへ移動するのに消費する必要のあるエネルギーの量だとしたらどうだろう。そして、AがBの真上にあるときはそれを落とすだけでよいので、AからBへ移すのに使われるエネルギーはゼロだが、それでもAとBは同じ場所ではない。

「距離に似た概念」は数学では**メトリック**と呼ばれている。わざわざ言及しなかったが、それが満たさなければならないルールがもうひとつある。*A*から*B*までの距離は決して負ではないというルールである。このルールをゆるめるとうまくいくシチュエーションさえあり、たとえば*A*から*B*へ何かを移すために費用がいくらかかるか調べているときである。費用がまったくかからない場合（したがって「距離」はゼロ）だけでなく、それをするのに誰かが報酬を支払ってくれることさえある。コスタリカのコーヒー栽培者はお金をもらってコーヒーをヨーロッパへ輸送し、そこでコーヒーからカフェインが抜かれるが、それは抽出されるカフェインがエネルギー飲料の市場で非常に価値があるからである。

メトリックについての通例のルールをひとつ以上ゆるめるのは、数学における距離の概念を一般化するひとつの方法である。もうひとつの方法は一般化と抽象化を組み合わせるやり方で、**位相幾何学**（トポロジー）の考え方を得ることができる。位相幾何学については、本章の後半で見ていく。

３次元ペン

次元を加えて一般化する

すでに見てきたように、オンラインデートのためにGPSを使う場合の問題は、私たちが２次元の世界にしかいないと仮定することにある。これは通常、自動車に乗っていて周囲の道を見つけるのにはうまく機能するが、高層ビルの中でデートの相手になるかもしれない人を見つけるのには適しておらず、そこでは３番目の次元がかなり重要である。

次元の数を増やすのは、数学的一般化の重要な手法である。数学の研究セミナーにいるとして、何も理解していなくても知的に聞こえる質問をすることができるというジョークがある。それは「これはより高い次元に一般化できるか？」という質問だ。

円について適切な考え方をすれば、球は円をより高い次元へ一般化したものである。コンパスで円を描く場合について考えてみよう（この頃はコンピュータで円機能を選んで円を描くだけだが）。コンパスの場合、まず円の大きさ（半径）を決め、たとえばコンパスを５センチメートル開く。次に、紙面の円の中心となるところに針先を固定し、それから線を引く側の先端で、要するに紙面に中心から正確に５センチメートルの点をすべてつけていく。

今、空中に描くことのできるペンをもっているとしよう。このペンは私がいつも夢見ていたものだ。それから、コンパスの先端をどこかに固定してここを中心点とし、空中ペンを使って空中の**あらゆる方向に**中心点から正確に5センチメートル離れたすべての点に印をつけていく。するとそれは球になる。

この時点で数学者は喜んでこれを4、5、さらに上の次元へと一般化するが、私たちにはそれが何を意味するのか正確なところはわからない。4次元空間での半径5センチメートルの球は、「固定された中心から正確に5センチメートル離れた、この空間内のすべての点」である。それは物理的実体ではなく**観念**だから、それがどのように見えるかわからなくてもかまわない。問題なのは、その観念が理にかなっているかどうかだけである。しかし、ひとつの一般化が理にかなっているからといって、ほかに理にかなったものがないということにはならない。

ドーナツ

円の別の一般化

ドーナツのことを考えてみよう。リングドーナツだ。

数学者が「ドーナツ」というとき、少なくとも数学について話しているときは、つねにリングドーナツのことをいっている。きっとドーナツではなくて「ベーグル」というようにすべきだろう。

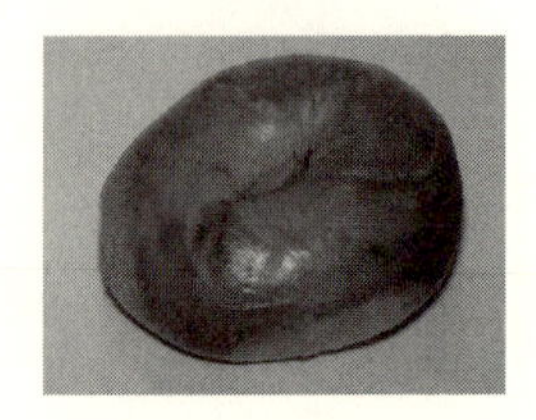

どうやってベーグルを一般化しようか？　もっともわかりやすいのは、もっと穴を開けることである。ふたつ穴のベーグル！

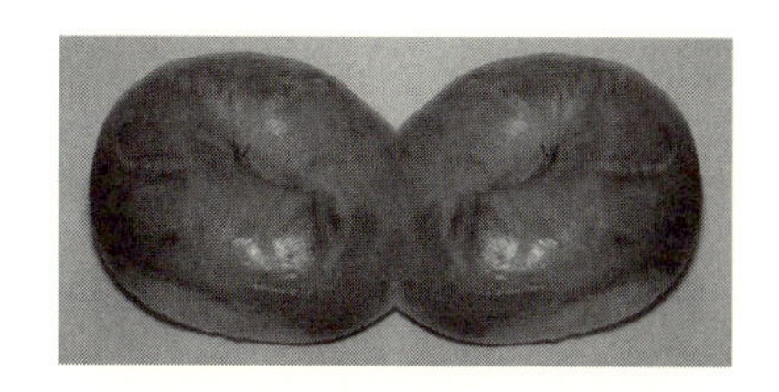

しかし、一般化するもうひとつ別のやり方がある。その場合、このベーグル／ドーナツについてもう少し慎重になる必要がある。数学者がドーナツについて考えるとき、通常、中身が詰まったものではなく、ドーナツの**表面**についてしか考えていない。彼らが「球」というとき、それが意味しているのはオレンジの皮のようなボールの表面だけで、オレンジ全体ではない。球は風船のようなもので、内側は何もない空間である。

ドーナツについても同様である。たぶん想像できるだろうと思うが、トイレットペーパーのロールを手にとり、手品のようにそれを伸び縮みするゴムにかえ、まるく曲げて小さな輪にしたとしよう。あるいはスリンキー［流れるように動くバネ状の玩具］を手にとってまるく曲げて端が合うようにするのを想像してもよい。それはリングドーナツのように見えるだろうが、中空である。これは専門用語で**トーラス**と呼ばれるものである。

では、トイレットペーパーのロールからどうやって作ったか考えてみよう。シャボン玉でそれを作ろうとしているところを想像してもよい。吹いて作るのではなく、大きなボトルに入っていて大きな輪を空中で引っぱって作るタイプのものだ。今、その輪をもって、しばらく空中で引っぱっているとしよう。進むにつれ、シャボン玉の筒のようなものができる。そして今度は、大きな円を描くようにそれを引っぱって、端で出合うところまで戻ったとしよう。するとドーナツのようになるだろう。中空のドーナツだ。

中空の泡のドーナツ。

今、輪を空中で円形に引くことによってこれを作ったが、それはトーラスが円を一般化したものであることを示している ── したのは、空中ペンの代わりに輪で空中に描くことだけである。トーラスを一般化しようとすると、少し不思議なことになる。**ドーナツ全体**を空中で円形に引っぱるのを想像してみよう。それがどのように見えるか想像するのがかなり難しいのは、それが3次元空間に本当に適合しているわけではないからだが、少なくともふたつ穴のドーナツと絶対に同じではないということは、きっとあなたにも想像できるだろう。

概括的な表現

別の種類の一般化

「イギリスではいつも雨が降っている」
「列車は決して時間通りに走らない」
「オペラがとても高い」
「いうことはいつもそれだ」

これらはみな**概括的な表現**、つまり大雑把に一般化したものである。だがこれは、ベーグルをふたつ穴のドーナツにしたのとは違う種類の一般化である。この種のものは、条件をゆるめてより多くの人が入れるようにするのではなく、外側にあるものを一時的に無視して釣鐘型曲線の中央部に注目するのに似ている。

もちろん、こうした概括的な表現は**完全**には真ではない。列車が時刻通りに走ることもある。そしてイギリスでも雨がやむことがある。ロンドンでも10ポンド以下でオペラの切符を簡単に手に入れることができる。そして、状況によっては、本当にいつも「それ」(それが何であれ)をいうわけではない。問題は、これらの例外が重要かどうかである。例外を調べているのだろうか、それとも振る舞いの本体を調べているのだろうか。

答は間違いなく両方である。もう一方を調べずに一方を本当に調べることはできない。極端な振る舞いに学ぶべき興味深いことがある。そうした極端なものがまれで、そのためまったく代表的なものでなくてもである。しかし、何が普通かも調べなかったら、どうして何かがどういう点で普通でないか知ることができるだろう。そのために極端なものを一時的に無視する必要があるのだ。

ベーグル、ドーナツ、コーヒーカップ

位相幾何学入門

距離とベーグルについてこれまで話したことを統合すると、ものの形を研究する「位相幾何学」と呼ばれる数学分野に行き着く。すでに、「距離」の概念を一般化して、距離に少し似ているが距離が満たす通常のルールを必ずしもすべて満たしていないものを得る方法を見てきた。

しかし、それを今度はさらに一般化することができる。ふたつのものが正確にどれくらい離れているかはそれほど問題にせず、ひとつの点から別の点へ到達できるかどうか、そしてどうやってそれができるかだけを問題にする場合があるからだ。イングランド南部に住んでいたら、きっとスコットランドよりワイト島のほうが近いが、実際にはそこをドライブすることさえできない。つまり、これはまったく違う種類の問題なのである。

似たようなことが都市の区域についても起こることがある。シカゴなど、都市によってはひとつの「区域」が終わって別の区域が始まるところで、ひとつのブロックから次のブロックの境目でずいぶん唐突に変化することがある。ひとつの通りをやってきただけだとしても関係ない。ほとんど離れていないのに、完全に違う区域に入ってしまうのである。

距離のことを気にしないとき、それは大きさも気にしないことを意味する。それは相似の三角形の場合によく似ていて、次のものはみな「同じ」である。

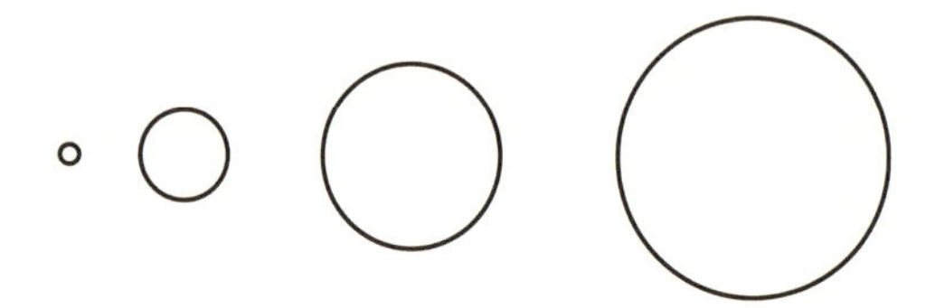

関連してもうひとつ気にしないかもしれないものが**曲率**で、たとえば次のふたつの形も「同じ」とみなされる。

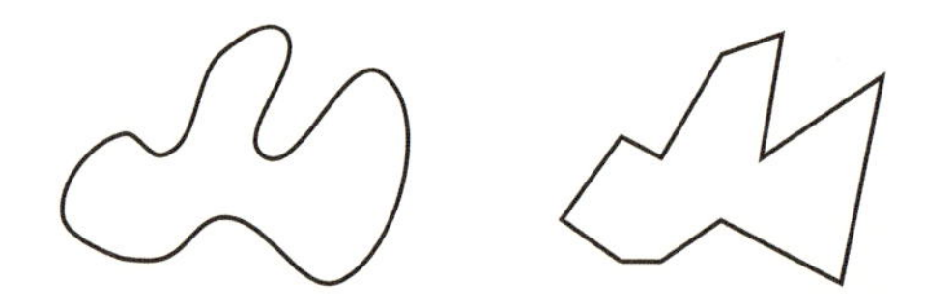

じつは、本当に気にしているのは、ものがもつ穴の数である。つまり、今度はすべての三角形が「同じ」であるだけでなく、三角形が正方形や円とも「同じ」でもあるような系である。それらはみな穴をひとつもつ形である。これに対し８という文字は穴をふたつもっているので「違う」。

これについて考えるには、すべてのものがプラスティシン［工作用の合成粘土］あるいはプレイドウ［小麦粉でできた子ども用の粘土］でできていると想像してみるするとよい。新たな穴を開けたりどこかを貼り合わせたりしないで、ひとつの形を曲げてほかの形にできるか考えてみるのである。

質問：このように自由に曲げられるという前提で考えたとき、

アルファベットの大文字は「同じ」か？

＊穴がない文字：*CEFGHIJKLMNSTUVWXYZ*
＊穴がひとつある文字：*ADOPQR*
＊穴がふたつある文字はひとつしかない：*B*

このことから、**位相幾何学的**にはほとんどの文字が同じだということがわかる。これは、コンピュータによる手書き文字の認識が非常に難しい理由のひとつである。

これをもっと高い次元でやってみることもできる。ベーグル（中空のものではなく、中身の詰まったもの）を粘土の塊から作ろうとしているところを想像してほしい。それをする方法は基本的にふたつある。ソーセージ形のものを作って端をくっつけてもできるし、塊に穴をあけてもできるのである。どちらの方法も、その作業はベーグルが位相幾何学的にただの塊と同じではないことを示している。しかし、いったんベーグルの形（つまりドーナツ型）ができたら、新しい穴を開けたり、どこかをくつけたり**することなしに**コーヒーカップを作ることができる。ドーナツの穴をコーヒーカップの取っ手にすることができ、それから残りの部分を押してくぼみをつければカップの部分を作ることができる。つまり、

位相幾何学的にはベーグルはコーヒーカップと同じである。

しかし、先に写真を示した「ふたつ穴のベーグル」はまったく違うものである。位相幾何学的にどれが同じでどれが違うかについての研究には、さまざまな適用場面がある。たとえば、結び目の数学についてはすでに述べたが、そうしたものは位相幾何学を用いて研究される。その驚くべき考え方は、空白の紙面に描く代わりに、紙面全体に色を

塗り、それから一部を消しゴムで消して絵を浮き上がらせる類の作画に似ている。では、それを3次元で行なうのを想像してみよう。

再び空中ペンを想像し、箱の内側の空間全部を「色づけした」としよう。そして今度は「空中消しゴム」を手に取り、色づけしたところから結び目の部分の色を消す。残ったものはほとんど想像不可能な奇妙な形をしてるが、数学的に研究するにはとても都合がよいのである。

想像力を試す難問

ここで説明した3次元で何かを消すプロセスは「補空間」をとると呼ばれる。いったんこれをしてしまえば、この場合も、新しい穴を作ったりどこかを貼り合せたりせずに、残っているものをそれがプレイドウであるかのように押しつぶすことができる。次のような補空間を想像できるだろうか。

* 円形構造の補空間は、位相幾何学的には中空になっている内側の中央に棒が1本渡されている球と同じである。

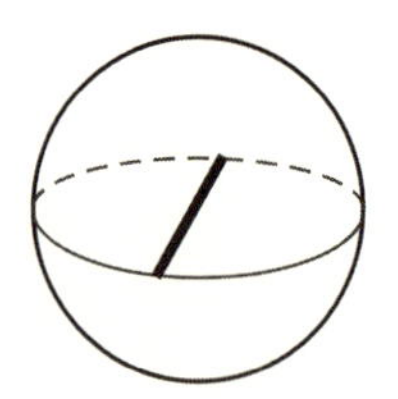

* 組み合ったふたつの輪

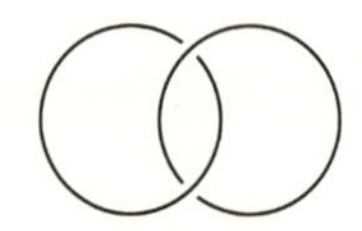

の補空間は、位相幾何学的には曲面の内側の中身のない空間にトーラスがくっついている球と同じである。

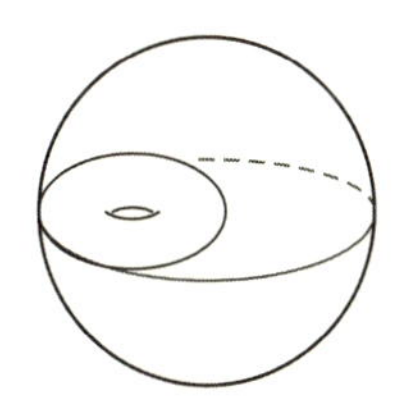

これらは非常に単純な形にすぎないが、すでに頭の中で想像するのが非常に難しい。数学の力は、こうしたものをまったく想像しなくても厳密に調べられるようにしてくれる。

もうひとつの例が、図形を切り出して辺をくっつけて3次元のものを作るような場合である。あなたは平らな形から始めて立方体を作る方法をおぼえているかもしれない。

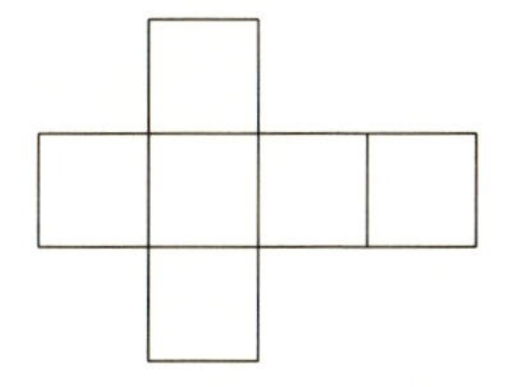

これを切り出して線に沿って折り、ふちをくっつければ、立方体ができる。次の図形でするとどうなるだろう。

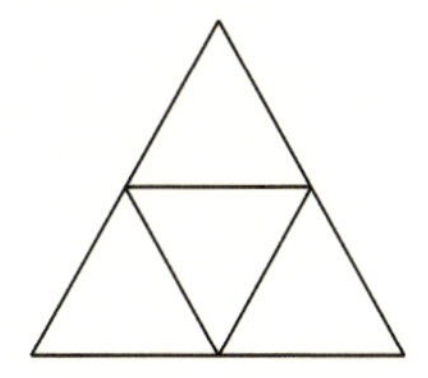

三角錐ができ、これは専門用語では**四面体**と呼ばれる。

今、自由に曲げられる粘土の紙でこれを作っているとしよう。今度は次のような正方形からベーグル／ドーナツ／トーラスを作ることができる。このとき、A のラベルがついた辺を互いに矢印が合うようにくっつけ、B のラベルがついた辺も同じようにしなければならない。

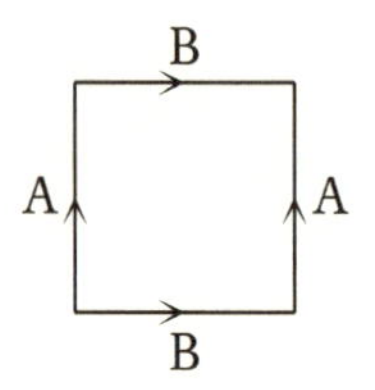

次はかなりの難問だ。図のような八角形を切り出して、ラベルに従ってくっつけると、どんな形になるか想像できるだろうか。

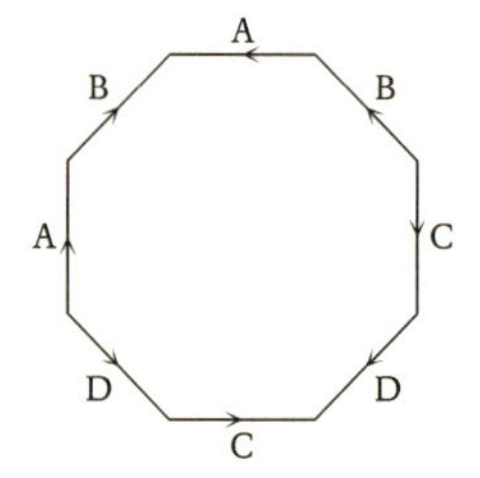

答は**ふたつ穴のベーグル**である。

次は、これを一般化してさらにたくさん穴があるものにしようとしているところを想像してほしい。頭の中でやろうとしてもとうていできそうにないが、私たちの想像力で視覚化できないような難しい形については、位相幾何学がこうした形を厳密に調べる方法を提供してくれる。

一般化のゲーム

次の形が共通してもっているものは何か？

正方形、台形、菱形、四辺形、平行四辺形

これらはみな辺を４つもっているというのが答である。では、これらを一般性が**増していく**ように並べるにはどうすればよいかわかるだろうか。そして、それぞれ次のものへ行く一般化のプロセスは何だろうか。

答は次のとおりである。

正方形、菱形、平行四辺形、台形、四辺形

一般化のプロセスは次のようになる。

＊正方形は４辺の長さがすべて同じで、４つの角がすべて同じである。
＊菱形は４辺の長さがすべて同じだけなので、一般化のプロセスは、角が異なるのを許すことである。しかし、角は対にならざるをえない。辺の長さがすべて同じなので、向かいあう角の角度が互いに同じでなければならないのである。
＊平行四辺形は菱形に似ているが、今度は向かいあう辺の長さだけが同じであればよい。角については一般化をしないが、それでも向かい合う角の角度は同じにならざるをえない。向かい合う角の角度が同じなので、向かい合う辺が平行にならざるをえないことに注意せよ。
＊台形は、１組の向かい合う辺が平行でなければならないという条件があるだけである。つまり、辺の長さや角の大きさにはもう何も条件がない。みな異なっていてもよい。
＊四辺形は４つの辺をもつどんな形でもよく、したがってこのステップでは、１組の辺は平行であるという条件を落とすことにより一般化をしている。

この例では、問題になっている形に関する何らかの条件を落とすことによって一般化の各ステップが生じ、より多くの形がその図形に含まれるようになることがわかる。条件をわずかにゆるめるのは、数学で一般化を実行するときによく使われる方法のひとつである。

あなたは、この一般化にはほかに可能なステップがあることに気づいたかもしれない。言及しなかったもうひとつのタイプの四辺形、すなわち長方形を経由する一般化である。長方形は、正方形を違ったやり方で一般化したものである。菱形はまだ辺の長さが同じだが角の大きさが違うことがあるのに対し、長方形は角の大きさは同じだが辺の長さが違うことがある。ひとつずつルールをゆるめていくとき、その順序によって異なるルートをとって一般化することになる。一般化は自動的なプロセスではないのである。どこまで行くかだけでなく、どんな視点をとるかによって、つねに異なる一般化が可能である。これが、対象としての数学が、一般化をするたびにほかのものを多数生じて、どんどんスピードを上げながら成長し続ける理由である。

第 6 章　内的か外的か

チョコレートとプルーンのブレッドアンドバタープディング

【材料】

耳なしの古いパン　250g
刻んだプルーン　350g
ビターチョコレート　100g
卵　2 個
白砂糖と黒砂糖　あわせて 75g
溶かしたバター　50g
牛乳　300ml

【作り方】

1. フードプロセッサーでパンを小さく切ってパン粉にする。
2. 卵と砂糖を混ぜ合わせる。
3. チョコレートを牛乳で徐々に溶かし、卵に混ぜ込む。
4. 大きなボウルに入れたパンとプルーンの上に注ぎ、2 〜 3 時間そのまま浸しておく。
5. 溶かしたバターを入れて混ぜる。
6. バターを塗った 8 インチの正方形のケーキ型に入れて、180℃で 45 分または固まって表面がわずかにパリパリしてくるまで焼く。
7. チョコレートソースかチョコレートカスタードを添えて、温かいうちに供する。

このチョコレートのブレッドアンドバタープディングのレシピは、ある年、クリスマスプディングを作ったあとに思いついたものである。残り物のパン（私は普通、食べないし、耳を切り落としたので硬くなってしまっていた）とプルーン（開封したらすぐに石のように硬くなってしまう）があった。そしてもちろん、我が家にはいつもチョコレートがたくさんあった。

もっと倹約家のご先祖様たちが残り物を使いきってしまうために発明した料理がたくさんある。日曜のランチで残った焼肉を使い切るためのコテージパイとシェパーズパイ。ブレッドアンドバタープディングとフレンチトーストは、フランス人がそれをパンペルデュ（文字通りの意味は「失われたパン」）と呼ぶように、古いパンを卵と牛乳に浸して軟らかくして利用する。中国バージョンもあり、卵炒飯の場合も同じように残りご飯を卵と一緒に炒めて再び軟らかくする。黒くなったバナナからは、おいしいバナナケーキができる。そして誰にでもそれぞれ大好きな、クリスマスにはある程度避けられない残り物の七面鳥の山から作る料理がある。カレー？　パイ？　私が一番好きなのは、母の七面鳥スパゲティサラダのピーナツソース添えだ。

これらの例すべてにいえることだが、使い切るべき残り物があることを前提とした料理なのに、それを作るために材料をわざわざさがしに行くなら、逆のことをしているようなものだ。第1章で述べたように、わざわざ新しい材料から料理を作っているときでさえ、同じようなことが起きる。レシピを選んで必要な材料を買いに行くこともできるが、面白そうな材料を買ってそれで何か料理を考え出すこともできるのである。

それはみな、私が**内的**動機と**外的**動機と呼ぶものの違いを示す例である。頭の中にレシピがあって始めるなら、それは外的動機である。手持ちの材料から何かを作り出すのなら、それは内的動機である。ときには頭に浮かんだことから始めて、やりながら作り出していって何が起こるか見ることもある。このとき、それが作ろうと思い浮かべていたのものと一致するときには、内的動機と外的動機が見事に一体になったということである。ときには結果的に予想していたものとまったく違っているが素敵なものができる場合もある。つまり、もしかして（私が初めて生チョコレートのエネルギーバーを作ろうとしたときのように）まったく予想がつかなかったとしても、とにかく素敵なものになることもあるのだ。これは「幸運な偶然」と呼んでよいだろう。それは内と外の一致とは別のものである。

おかしなことに、台所では、私は外的に動機づけされるほうがずっと多い。これに対し数学では、内的に動機づけされることが多い。

数学の場合の簡単な例を示そう。次のような数を見せたら、あなたはどうするだろう。

25、50、75、100、3、6

数をいろいろいじってみて、**カウントダウン**［イギリスで放送されているクイズ番組］でするように足し算、引き算、掛け算、割り算によってほかにどんな数が作れるか考えるかもしれない。これは、いくつかの材料から始めてそれで作れるものをさがす「内的」動機に似ている。

これに対し、実際に**カウントダウン**の番組だったら、数学者のジェームズ・マーティンが何年か前に次のような答を出してあっといわせたように、これらの数を使って952といった与えられた数を作ろうとするかもしれない。

$$\frac{(100+6)\times 3\times 75-50}{25}=952$$

これは特定のものをなんとかして作ろうとする場合の**外的**動機に似ている。

観光

地図を使うか自分の勘に従うか

初めての町を訪れているとき、あなたは耳にしたことのある特定の名所をさがそうとするだろうか、それともただ町の真ん中に出て行って自分の勘に従うだろうか。人々はしばしば休暇について、自分が一番好きなのはただ歩きまわって裏通りで隠れた何か小さな宝物を見つけるときだという。ときにはこれが、エッフェル塔やエンパイアステートビルのようなよく知られた観光地へ行こうとしているときに起こり、途中で偶然、かわいい素敵なカフェを見つけることもある。

数学もこれと似ている。多くの数学が、特定の疑問に答えようとして、あるいは特定の問題を解こうとして進められる。つまり、頭の中に特定の目的地があって、ただそこへ到達したいと思っているのである。それは外的動機である。数学史における重要な問題の多くがこのようなものだった。答える必要がある特定の疑問について、答が出るのであれば、どのようにして答えに到達するかということについては誰もあまり気にしないのである。

学校で数学を学ぶことの問題のひとつが、ほとんどすべてのこと──もしかしたらすべてのこと──が**外的**に動機づけされることである。つねに問題を解こうとするだけで、さらに悪いことには、それは誰かほかの人が出した問題で、きっと数学の宿題か試験かなにかのため以外、解く必要のないものなのである。

二次方程式を解く場合を考えてみよう。昔習ったことや第2章から思い出してもらえるかもしれないが、次のような式が与えられたとき、

$$ax^2 + bx + c = 0$$

解は次の式で得られる。

$$x = \frac{-b \pm \sqrt{b^2 - 4ac}}{2a}$$

この公式は、先の方程式を解くため**だけ**に作られたものである。楽しむために考え出して、「これで何ができるだろう？」と思うようなものではない。

しかし、現実の研究数学は、しばしば違ったやり方で進められる。数学の世界の中で自分の出発点を定め、それからどうなるか見るのである。私はこれを「内的動機」と呼んでいる。あまり劇的なことではないので、それほど注目されていない。ちょうど、裏通りの宝物がエッフェル塔に比べればまったく印象的ではなく、おそらくガイドブックに載らないのと似ている。しかし、パリのパリたる所以は何か。エッフェル塔だろうか、それとも裏通りの小さな宝物だろうか。それは間違いなく両方で、じつは両者が対比されている様子なのだ。

そのよく知られている例のひとつが、何百年もの間、素数の研究に何か有用な適用場面があるとは考えられていなかったことである。そしてそれでも数学者たちが素数に魅了されたのは、ただ素数が本来魅力的で、非常に基本的なものに思えるからである。1640年にフェルマーが提示し1736年にオイラーが証明した定理が、何世紀ものちにインターネットの暗号法の基礎になると、誰にわかっただろう。コンピュータさえ数百年先のものだったのだ。ちなみに、「フェルマーの最終定理」で有名なフェルマーによるこの定理は、「大」定理と区別して「フェルマーの小定理」と呼ばれている。

じつは、フェルマーの最終定理は内的動機と外的動機が奇妙なやり方で相互作用した例である。まず、答えようとしている問題に至る道の途中で発見をすることがある。アンドリュー・ワイルズはフェルマーの最終定理を証明する途中で、楕円曲線 ── フェルマーの最終定理とは何も関係ありそうにない、ある特別な種類の曲線 ── に関して重要な発見を多数した。思い出してほしいのだが、この定理は次の等式

$$a^n + b^n = c^n$$

を、nが2より大きな整数、a、b、cを任意の自然数としたときに成り立たせるのは不可能だといっている。

しかし、逆方向の相互作用もあり、私はそのやり方がもっとも得心がいって美しいと思う。それは、町の真ん中に身を置き、たとえばノートルダム大聖堂を見たいと思うが、地図に従ってただまっすぐそこへ行くのではなく、自分の勘に従って、気が向くまま、面白い曲がりくねった通りを行く。すると不思議なことに、気がついたらノートルダム大聖堂にいるのだ。フェルマーの最終定理の場合、数学者たちは自分自身のために楕円曲線に関する研究もしていて、どうやらそれがたまたま定理の証明にも役立ったのである。

純粋に外的動機によって数学をするとき、それは結局つまらない大通りを長いこと歩いていく、ノートルダム大聖堂へのお決まりのルートをとるのに似ているかもしれない。過度に功利的あるいは実用主義的な数学がこれにあたるだろう。純粋に内的動機によって数学をするとき、とても素敵な旅になるかもしれないが、有名な場所にはどこにもたどり着けないかもしれない。過度に理想主義的あるいは審美的な数学がこれにあたるだろう。両者が同時に起こるとき、本当に面白い目的地のあるまぎれもなく面白い旅になる ── 両方の世界のもっともよいところを兼ね備えたもっとも美しい数学になるのである。

数学の領域が違えば力点を置くところも違ってくる。数論には多くの有名な未解決問題があって、数学者たちが手をつくして解こうとしている。圏論は少し違う。その目標のひとつは、あらゆることの背後にある内的動機を見つけること、あるいはすでに秘かにあった内的動

機に光をあてる視点を見つけることである。第2部で、圏論がさまざまなやり方でそれをするのを見ていく。ひとつ例を示そう。30のありうるすべての約数、すなわち余りを出さずに30を割ることのできるすべての自然数について考えてみる。それは次のようになる。

1、2、3、5、6、10、15、30

しかし、じつはこれらの約数のいくつかは互いの約数でもあるから、このようにすべてを1行に並べるだけでは十分に解明したことにならない。互いの約数であるものすべての間を線で結ぶと、次のようになる。

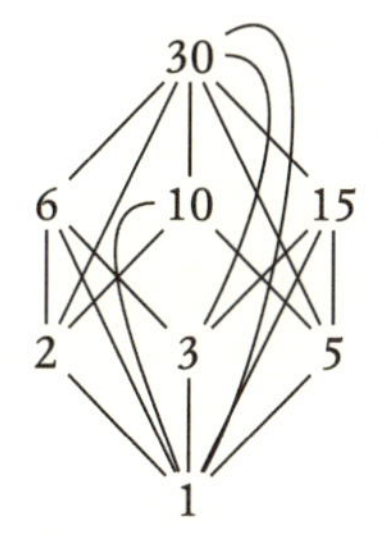

しかしこれではちょっと雑然としている。**間に**ほかの約数がない場合だけ線を引くことにすると、整頓できる。つまり、6と30の間には線を引くが、2から30へは間に6があるので直接線を引くことはしない。この場合、次のようなもっとすっきりした図ができる。

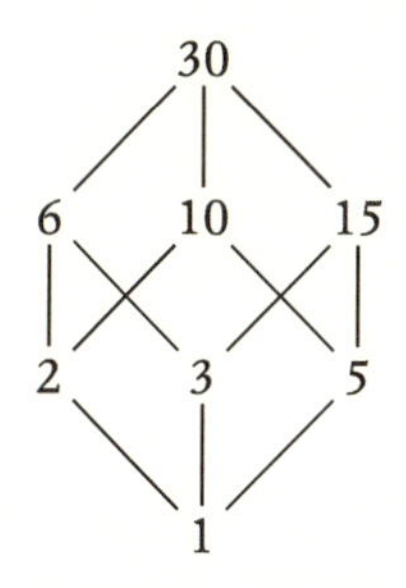

この種の図についてはあとでもう一度触れて、圏論がまさにこのよ

うにして構造を明らかにして概念を幾何学的な図として視覚化するこ
とを説明する。

ジャングル

発明か発見か

　まだ地球の一部が地図に描かれておらず、まだ発見されるべき
──少なくともヨーロッパ人にとって──新種の大型動物がいた頃、
「研究」の世界はどれほど違っていただろうと考えることがある。い
まだに新種の昆虫や細菌や植物が発見されているとは思うが、カモノ
ハシを見る最初のヨーロッパ人のことを想像してみよう。彼らは誰に
も信じてもらえなかった。1798年にイギリスに標本とスケッチが届
いたとき、きっと腕のいい剥製師がアヒルのくちばしを何かほかの動
物にくっつけて作ったでっち上げだろうと思われたのである。
　なかにはでっち上げだと思う人もいる数学をいくつか紹介しよう。
「数学はつねに正しいか間違っているかで、たとえば2＋2の答は4
しかない」といわれることがよくある。そしてそれでも、ときには2
＋2＝1になることを、これから説明しよう。
　からかっていると思われるだろうか。とんでもない。それが真とな
る数の世界が存在するのである。それは、12時間時計でなく、3時間
時計を使っているような場合である。私たちは、今11時なら、2時
間後には1時になるという事実に慣れきっている。別の表現をすると、

$$11 + 2 = 1$$

である。そして3時間時計だったら、

2時の2時間後には1時になる。つまり、

$$2 + 2 = 1$$

である。この例は、「2足す2」の馬鹿げた答を作るためだけに私が考え出したように、少し作為的に見えるかもしれない。つまり、私は**外的**動機でこれを作ったのである。しかしのちほど、この「3時間時計」の数体系はきわめて自然に**内的**動機から生じるもので、かなり重要だということを説明する。

内的動機から生まれた奇妙な数学の生き物の例を紹介しよう。$y = \sin x$ のグラフが次のようになることは、あなたもきっとおぼえているだろう。

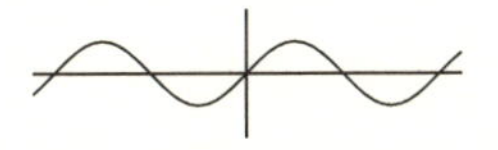

そして $y = \frac{1}{x}$ のグラフは次のようになる。

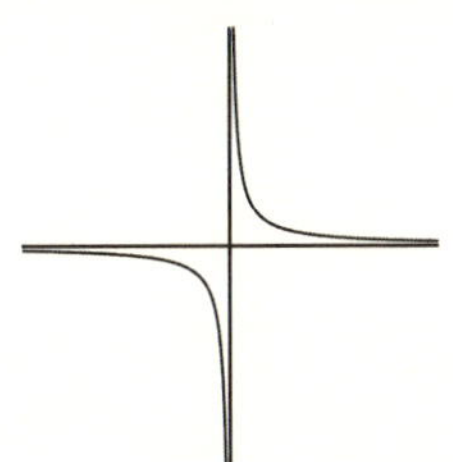

調子が出たところで今度はこのふたつを合成して、$y = \sin\left(\frac{1}{x}\right)$ のグラフがどうなるか見てみよう。この関数はとても激しく変化する野生的な関数である。

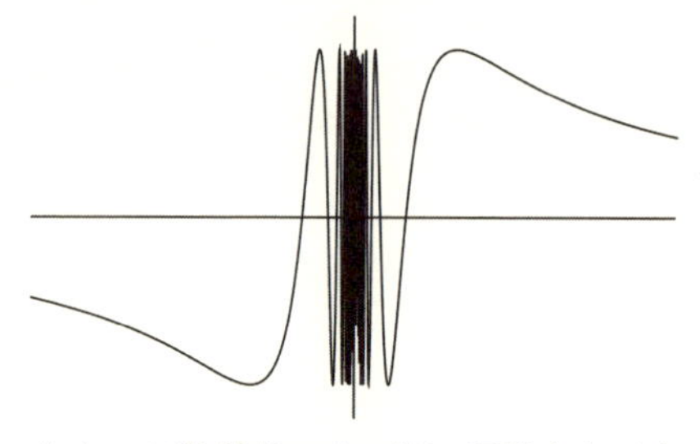

他方で、ときには数学者はネス湖の怪獣をさがすように、わざわざ野生的な関数をさがそうとすることがある。関数か空間かなにかのとりわけ野生的な例がほしくて、自分で意図的にそれを作ってしまうこともよくある。

外的動機で「作り上げられた」野生的な関数の一例が、x が有理数なら $f(x) = 1$、x が無理数なら $f(x) = 0$ となる関数である。この関数を描くのは実際には不可能で、それは0と1の間をずっと行ったりきたりするからである。

みんなを混乱させるために意図的に作られた空間の例が、「ハワイの耳輪」と呼ばれるものである。半径1の円から始めて、その内側のどこかで接する半径 $\frac{1}{2}$ の円を描く。

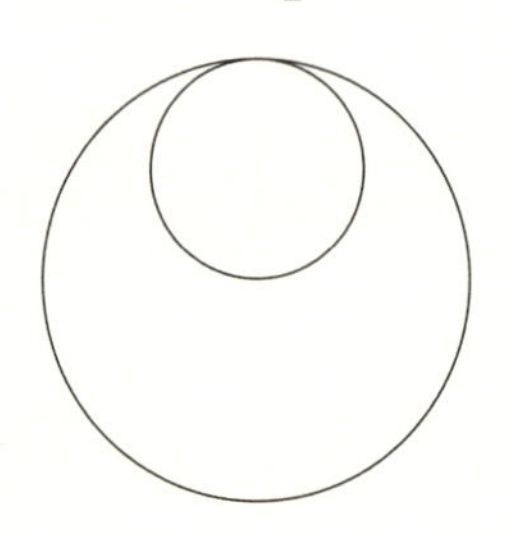

次に同じ点で接する半径 $\frac{1}{3}$ の円を加え、それから半径 $\frac{1}{4}$ の円、$\frac{1}{5}$ の円、と「永久に」続けていく。

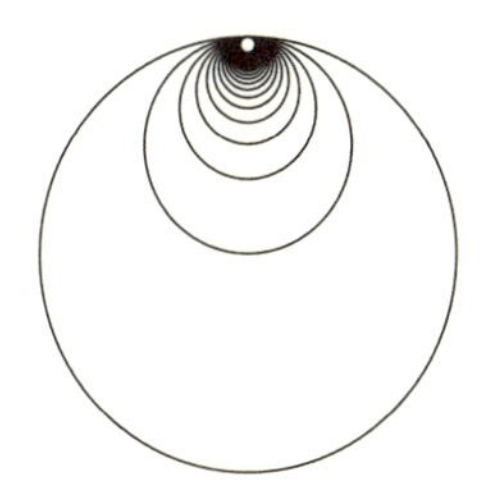

思い出してほしいのだが、これは数学だから、実際にそこに座って永久に描く必要はない。そうしたと想像するだけでよいのである。とにかく、ハワイの耳輪はとても奇妙で野生的な性質をもっており、位相幾何学の研究者にとってかなり面白いものである。

ジグソーパズル

ピースを組み合わせるか絵を見るか

ジグソーパズルをしようと腰を下ろしたとき、あなたはまず箱の絵を見て、すべてのピースを絵と一致させるだろうか。それとも、絵は片づけて、ピースを互いに比べてぴったり合うか調べるだけだろうか。

箱の絵を使うなら、それは数学における外的動機に似ている。明確な目標を持ち、その目標が何か知っており、そこにたどり着こうとしているのである。絵を見ないなら、それは内的動機に似ている。ピース自体の構造と、外部のものとの関係ではなく相互の関係に基づいて、ピースがはまるかどうか見ようとしているのである。

ジグソーパズルに関しては、小さな子どもの最初の本能的行動が外的なものではなく内的なもののことが多いことを、私は発見した。彼らは、ピースを箱の絵と比べるのではなく、ピースがなんとなく似ていれば互いに合わせようとし続けるだけのことが多いようなのだ。そして、じつは小さな子どもに箱の絵を見ることに何か意味があるということを納得させるのがとても難しいことがわかった。子どもが内と外を結びつけるようになる発達段階というものがあるのではないかと思う。また、もっと文字通りの意味でも、子どもは外より内に興味をもっているように見える。彼らは、面白い部分があるパズルの中央から始める傾向があるのだ。たいていの大人は、成長のどこかの時点で、パズルをやり始めたら（少なくともそれが長方形と仮定すると）まず四隅を見つけ、それから縁のピースをすべて見つけて縁を片づけてしまうのが賢いやり方だと学習する。子ども、少なくとも私が知っている子どもたちは、そんなことをしたいとはまったく思っていないようだ。

私は、上級レベルの物理をとったとき、1枚の公式集をもらったが、それによってすべてが物理の知識のテストというよりジグソーパズルのようになった。おぼえている人がいるとは思えないが、公式集には次のような有用な公式が載っていた。

ふたつの点電荷の間の力	$F = \frac{1}{4\pi\varepsilon_0}\frac{Q_1 Q_2}{r^2}$
電荷にかかる力	$F = EQ$
均一な電界での電界の強さ	$E = \frac{V}{d}$
放射状の電界での電界の強さ	$E = \frac{Q}{4\pi\varepsilon_0 r^2}$

まず、公式の多くが本当は私にとって何の意味もなかったことを認めよう。それどころか私は、本当は物理を何も理解していなくても、

上級レベルの物理で非常にうまくやる方法を見つけたことを得意に思っていた。ただ質問を読み、その質問で示された数量に対応する文字をすべて書き出し、それから公式集を見て、該当する文字をすべて含む公式をさがしたのである。これは、「内的」プロセスでなく「外的」プロセスによってジグソーパズルをする効率的な大人のやり方に似ている。私は、上級レベルの物理でできるだけ勉強をしないでAをとるもっとも効率的な方法を考え出したと思っていた。

のちほど、圏論がしばしば内的プロセスと外的プロセスの間のギャップを埋めることを説明する。圏論は内的プロセスをより幾何学的なものにするため、ときには本当にジグソーパズルをはめていくのに似ていることもある。

では、圏論におけるジグソーパズルの例を紹介しよう。ピースが何を意味するか知らなくても、ピースがはまるか試してみることはできる。次のような2個のピースがあるとしよう。

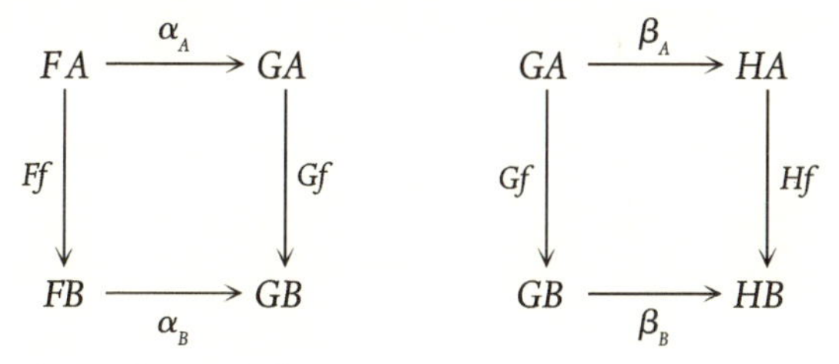

そして、次のような図を作りたい。

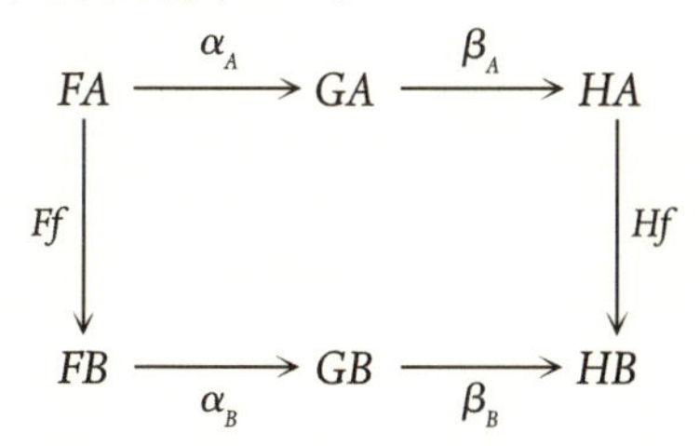

2個のピースを横に合わせるだけで、次のような図を作ることができる。

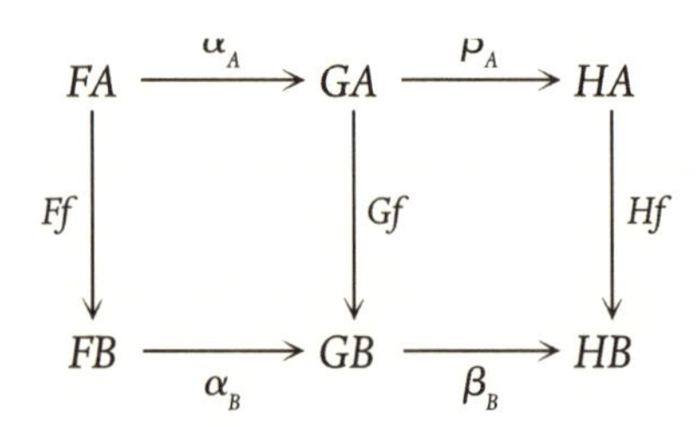

これは、圏論における典型的な計算である。図がどんどん大きくなり、使うピースがどんどん増える。しかし、ピースは**抽象的な**ピースなので、果てしなく供給され、それぞれ何度でも好きなだけ使うことができる。

あなたが不思議に思っているといけないので説明すると、これは**要素ごとの自然な変化を成立させることで別の自然な変化が生じる**ことの証明の一部である。もっと一般的には、圏論におけるこの種のジグソーパズルは「図式を可換にする」といわれ、面白くて納得がいくと私が思っているものである。

マラソン

健康維持か、レースのためのトレーニングか

肉体的健康を維持しようとして運動かなにかをする場合、あなたはいつも特定のイベントのためにトレーニングをするだろうか。やる気を維持するため、いつもマラソン、トライアスロン、あるいは遠征のような特定のイベントを目標にする人もいる。これに対し、一般的な健康、楽しみ、あるいはストレス解消のために運動をする人もいる。もちろん、おそらくそうしたことを何らかの形で組み合わせたものに

なるだろう。まずそれを楽しまないなら、マラソンを目指しても少しもいいことはない。

ニューヨークマラソンを走ったとき、私は運動のやり方を大幅に変えなければならなかった。本当に特別なトレーニングをしなくてもハーフマラソンを走れるとする、さまざまな記事を読んだことがあったが、マラソンについては違っていた。じつは私はすでに、いつもやっていた1日おきのジムでのルーチン以外、特別なトレーニングをせずにロンドンハーフマラソンを走ったことがあった。また、とくにトレーニングをせずにマラソンを走ろうとしたまあまあ健康な友人がいたが、彼は膝を痛めてしまった。

このため、運動時間をかなり長くしてスタミナをつけ、どこかオンラインで見つけた2週間に1度の長距離走のパターンに従い、最後の数週間はだんだん軽くして最長の長距離走が本番のマラソンの約1ヶ月前になるようにした。それがみなうまくいって計画どおりにやり終えた（それはじつはきわめてゆっくりしたものだったが、私は自分に対して非常に現実的な期待しかもっていなかった）。

要するに、約6ヶ月の間、私の運動は外的動機によるものになった──私は具体的な目標を立て、すべてをその目標に向けて調整した。これに対し、それ以前とその後ずっと、運動は特別な目標のない（この場合、「一般的な健康と体重を減らすこと」は特別な目標とはみなさない）、内的動機によるものだった。肝心なのは運動自体、そしてそのプロセスそのものをどれだけ楽しむかだった。

数学はしばしば外的動機のために切り売りされる。仕事を得るのに役立ち、実生活のさまざまなシチュエーションで役立つのである。しかし、マラソンの場合と同じように、まずはそれを楽しまなければ、何か無理やり作った「実生活の」シチュエーションを押しつけてもうまくいかないだろう。友人が最近話してくれたのが、その例である。彼女は息子が宿題をするのを手助けしようとしたのだが、自分が助けを必要としていた。

> 先週、ジョージは車で 764 マイル（約 1230 キロ）走り、ガソリンを 15 ガロン（約 68 リットル）使った。高速道路では 1 ガロン（約 4.5 リットル）当たり平均 54 マイル（約 87 キロ）、街中では 1 ガロン当たり 31 マイル（約 50 キロ）走るとすれば、ジョージは街中を何マイル走ったか？

この問題の情けないところは、外的動機を**与えようとしている**が、話の内容がまったく嘘っぽいことである。ジョージの妻で彼が浮気をしているか知ろうとしているわけでもないのに、なぜ彼が街中を何マイル走ったか知る必要があるのだろう。また、高速道路をどれだけ走ったかおぼえていて、764 から引くだけのほうが簡単ではないだろうか。

ただし私にとっては、この問題の背後にある内的動機のほうがずっと興味深い。この問題には未知の量がふたつある。街中を走ったマイル数と高速道路を走ったマイル数である。それに関連して、断片的な情報がふたつある。走った総マイル数と、使ったガソリンの総量である。これは、正しい数のピースからなるジグソーパズルである。

第 1 のステップは抽象化である。文章題をいくつかの文字、数字、等式などをもつひとまとまりの数学的手順に変えるのである。高速道路を走ったマイル数を M、街中を走ったマイル数を T と書くと、ふたつの情報を等式に変えることができる。

* 走った総マイル数は 764 なので、次のようになる。

$$M + T = 764 \quad \cdots\cdots①$$

* 高速道路では 1 ガロン当たり 54 マイル走るので、そこで使ったガソリンは $\frac{M}{54}$ ガロンとなる。
* 街中では 1 ガロン当たり 31 マイルしか走らないので、そこで使ったガソリンは $\frac{T}{31}$ ガロンとなる。
* 使ったガソリンの総量は 15 ガロンなので、高速道路と街中で使っ

たガロン数を合計すると15になるはずで、つまり次のようになる。

$$\frac{M}{54} + \frac{T}{31} = 15 \quad \cdots\cdots ②$$

こうして未知のものがふたつと、それらを決定するふたつの式が得られた。きっと直感的に、未知の量が200個あって、それらを決定する式がひとつしかなかったら、未知の量をすべて知るために必要な情報が十分にないことがわかるだろう。しかし一般に、未知のものと同じ数だけ式があればうまくいく[4]。

個人的には、この答を出す部分がもっとも面白くない部分だと思うが、それは私がとりわけ抽象化のプロセスを楽しみ、計算をするプロセスより面白いと思うからである。じつはあなたは本書のもっと前の部分でこれと同じシチュエーションを理解したのではないだろうか。今、ジョージのシチュエーションをふたつの線形方程式にしたが、それは第2章の父の年齢についての問題のところで見た、連立方程式のもうひとつの例にすぎないのである。すでに解いたことのあるシチュエーションと同じであることがわかるように十分すぎるくらい抽象化したので、もうこれ以上説明する必要はないだろう。

しかし、念のため計算過程を示しておく。

式②の両辺に分母の54と31を掛けて分数をなくすと、次のようになる。

$$31M + 54T = 15 \times 54 \times 31$$
$$= 25110$$

次に、式①の両辺から T を引く。

$$M = 764 - T$$

4　しかし、問題がふたつ考えられる。ふたつの式が矛盾しているかもしれないし、両者が実質的に同じものかもしれないのである。ここではそれについて詳しく検討しない。

これを代入して、次のようにできる。

$$31(764 - T) + 54T = 25110$$ （掛け算をして括弧を開く）

$$23684 - 31T + 54T = 25110$$ （T項を一緒にする）

$$23684 + 23T = 25110$$ （両辺から 23684 を引く）

$$23T = 25110 - 23684$$

$$= 1426$$ （両辺を 23 で割る）

$$T = 1426 \div 23$$

$$= 62$$

したがって、「ジョージは街中を 62 マイル（約 100 キロ）走った」というのが答である。頑張ったものだ。ひょっとして浮気をしていたのだろうか。

何か新しい数学を考え出す

本章を通じてずっと、新しい数学的手順を考え出すためのふたつの異なるやり方を論じてきた。まず、自分の勘に従って想像の中で探求し、よいと思うものや意味あるものを考え出す、内的なやり方がある。そして、解きたい特定の問題があって、そのためそれを解くためのツールを構築する、外的なやり方があるのである。

今度は、**虚数**の概念を考え出すふたつのアプローチを比較してみよう。

内的なやり方

「負の数の平方根をとることはできない」という重要なルールを教え

られたのをおぼえているだろう。その理由は、正の数と正の数を掛けると正だが、負の数と負の数を掛けても正だからである。このため、ある数にそれと同じ数を掛けると、つねに正（またはゼロ）になる。これは、数を**平方**すればつねにその答は決して負にはならないことを意味する。平方根をとることは、平方するプロセスの逆である。このため、負の数の平方根を見つけるには、その平方が負である数を見つけなくてはならない。そしてたった今、それはないと判断したのである。

この時点で内的動機にとって重要なのは、負の数の平方根がとれないことにちょっと不満、失望、苛立ち、さらには怒りを感じることである。まったく無害に思えるのにそれをしてはいけないと告げる看板を見たとしよう。たちまち、それをしたくならないだろうか。同じように、今、負の数の平方根をとることはできないという看板が目の前にある。だが、何の害があるというのだろう。数学では「害」とは「論理的矛盾を引き起こす」ことを意味する。何かが論理的矛盾を引き起こさないとき、どうせならそれをしたほうがいい。

ここで、答は正の数か負の数であると主張しようとするなら、それは真でないとわかっているのだから、負の数の平方根をとろうとしてもこの種の「害」を引き起こすやり方しかないだろう。

では、どうすれば、たとえば－１の平方根が存在しうるだろうか。そう、自乗すると答が負の数になるような、まったく別の種類の数があったらどうだろう。あなたはすぐに、でもそんなものは存在しないというかもしれない。ちょうどカモノハシのように？

数学で重要なのは、何かを想像するやいなや、矛盾を引き起こさないかぎり、それが存在することである。－１の平方根があると想定しても、それが完全に新しい数で、私たちがすでに知っているような正の数でも負の数でもないかぎり、矛盾はない。それはまったく新しいレゴのピースを手に入れたようなものである。それを古い数と混同しないように完全に異なる呼び方をし、iと呼ぶ。この文字iは「imaginary（架空の、虚の）」を表し、なぜならそれは「現実」ではない新しい数だからである。これについてはあとでまた述べよう。

外的なやり方

虚数を考え出すもっと「外的」なやり方は、二次方程式を解こうとする場合である。思い出してほしいのだが、二次方程式は次のような x と x^2 を含む式である。

$$x^2 + x - 2 = 0$$

あるいは

$$2x^2 - 7x + 3 = 0$$

これを解く、すなわち左辺が 0 に等しくなるような x の値を見つけるにはどうすればよいか、思い出せるだろうか。おぼえていないなら答を教えてあげるから、$x = 1$ または $x = -2$ を代入して最初の式が真になるか、2 番目の式は $x = 3$ または $x = \frac{1}{2}$ で真になるか確かめるといい。さらにほかの数を試してみても、うまくいかないだろう。

しかし、次の式はどうだろう。

$$x^2 + x + 1 = 0$$

正の数でも負の数でも 0 でも、どんな数を入れてもうまくいかない。どうしても左辺が 0 に等しくならないのである。この時点で、あなたは肩をすくめて、いずれにしても二次方程式を解くことなんてどうでもいいんだというかもしれない。だが、数学者は問題を解けないままにしておくのが好きではない。「虚数」を考え出すのは、以前は解がなかった方程式の解を作る一手段である。この場合、内と外がほとんど出合うところまで来ている。

まったく新しい概念を考え出してそれが答だと宣言することによって問題を解くのは違反だと、あなたは思うだろうか。私にとっては、これは数学のきわめて刺激的な側面のひとつである。矛盾を引き起こさないかぎり、自由に新しい概念を発明してもよいのである。重要なのは、そのための外的動機と内的動機のバランスをとることである。作り出した新しい概念が、ひとつの問題を解くためだけの明らかに作為的なものなら、たとえそれが実際に**間違って**いなくても、長期的にそれがよい数学的概念である可能性は低い。もっともよい数学的発明は、内的に意味をなし、存在する問題の解決にもつながるものである。

第7章　公理化

ジャファケーキ

【材料】

小さな円形で平らなプレーンケーキ
マーマレード
溶かしたチョコレート

【作り方】

1. 一つひとつのケーキにマーマレードの塊を少量のせる。

2. 小さなスプーンを使って、マーマレードとケーキの上にチョコレートを薄く広げる。

3. 冷蔵庫に入れて固める。

このレシピはちょっと不親切だと思われるかもしれない。「小さな円形で平らなプレーンケーキ」とはどんなものだろう？　ジャファケーキを最初から作りたいときは？　そのときの材料は卵、砂糖、小麦粉、バター（ケーキ用）、オレンジ、砂糖（マーマレード用）、ココアバター、ココアパウダー、砂糖（チョコレート用）である。それとも、チョコレートは基本材料とみなされるのだろうか。

何を基本材料とみなし、何をもっと基本的な材料から作る必要があるか、という問題はちょっと微妙である。それは何を達成しようとしているかによって変わる。もしかしたら、あなたにとってはジャファケーキ自体が基本材料で、スーパーで箱入りを買うだけかもしれない。しかし、私はものを自分でつくることは非常にやりがいがあることだと思うし、卵、砂糖、小麦粉、バター、オレンジ、チョコレートから私だけのジャファケーキを作るのが大好きだ。

数学の目的のひとつが、「最初から」何かをすることである。「どうして？　どうして？　どうして？」と繰り返し問う結果、物事をどんどん煮詰めて基本的な概念に要約しなければならなくなる。何を基本材料とみなすか、何をさらに分解する必要があるか、という問題がつねに存在する。すでに述べたように、数学では基本的な材料は公理と呼ばれ、何かを分解して基本材料にするプロセスは公理化と呼ばれる。

結局のところ、数学は要するに真理に関することである。なぜそれが真かと問い、複雑な真理をより単純なものに要約することにより、この問いに答える。そのため根本的に公理は、**この特定のシチュエーションで**私たちが受け入れようとしている基本的真理である。それは、絶対に真であるとか、つねに真である、あるいはさらに分解することが決してできないことを意味しない。たんに、その特定の数学的手順においてそれらを基本材料として使い、何が起こるか調べようということなのである。

ジンジャーケーキ

台所に材料があるか？

新しいレシピを試してみたいとき、台所に常備していない材料を新たに買いに出なければならないことも多い。時がたつにつれ、とくにケーキ作りに関しては台所にだんだん多くの物が蓄えられてきたので、私にはこれはしだいに悩みの種ではなくなってきている。しかし、たとえばジンジャーケーキを作るために初めて黒砂糖を使ったときには、いくらか買って来なければならなかった。そしてこのとき、当然、レシピの使用量が袋に入っている量とぴったり同じではなかったので、いくらか残り、私はそれを使い切る方法をさがし始めた。人によってそれぞれ違う基本材料が台所にあり、黒砂糖は今では私が台所に、チョコレート、バター、約８種類の粉とともに**常備する**ものになっている。私は特定のレシピのために牛乳と卵を買うだけだが、アーモンド粉に奇妙なこだわりをもつ私と違って、あなたはそうした台所の基本的な食料品に注意を払っているかもしれない。

内的か外的かについて論じたときに言及したように、レシピで材料を具体的に思い浮かべることもあれば、なんとなく台所へ行って作り始めることもあるだろう（近頃では菓子作り実験（ベイクスペリメンティング）と呼ばれている)。いずれにしても、私が数学的過ぎるのかもしれないが、「わざわざ買いに行ってきた、その同じ材料でほかに作ることのできるレシピは何か」によってレシピ本が整理されていたらいいのにと思うことがある（すでにインターネット上に存在するのではないかと思う)。あるいはさらに細かいことをいえば、同じ材料や覚えたての新しいテクニックを使って作れるどんなレシピがほかにあるかわかるようになっているといい。

少し前に、虚数 i という「新しい材料」を導入した。そして、それはまったく新しい数で、－１の平方根であると言明した。このため、今のところこの数について知っていることは、

$$i^2 = -1$$

がすべてである。

あなたの最初の異議申し立てはおそらく、「でもそんな数はない！」だろう。しかし本当は、そんな数は**なかった**のであって、すでにそれを考え出したのである。それは、有理数しかないときには２の平方根がないが、それを作ってしまうのによく似ている。

ここで、この奇妙な新しい数が、ほかのあらゆる点でほかの

数と似たような振る舞いをすると仮定するとどうなるだろう。これは、時間の中を移動できることを除いて人間についてはあらゆることが同じ物語を作ろうとする、タイムトラベルを扱った本や映画の場合と少し似ている。

次のようにしてみることができる。

$$\begin{aligned} 2i \times 2i &= 4i^2 \\ &= 4 \times (-1) \\ &= -4 \end{aligned}$$

したがって－4も平方根をもつことになる。それどころか、いまやあらゆる負の数が平方根をもち、aが$\sqrt{a}$という平方根をもつ正の数なら、$-a$は$\sqrt{a}\,i$という平方根をもつ。なぜなら、

$$\begin{aligned} \sqrt{a}\,i \times \sqrt{a}\,i &= a \times i^2 \\ &= a \times (-1) \\ &= -a \end{aligned}$$

だからである。

このiという数を考え出すとほかに何が起こるか理解するには、それをどんなルールに従わせたいか、すなわち使おうとする公理を明確にする必要がある。

レゴ

同じブロックを使って違うものを作る

レゴブロックの山を抱えて座ったあなたは、ふたつのものをもっている。

(1) 多数の対象
(2) それらを結合させるいくつかの方法

レゴの素晴らしいところ（その素晴らしさの一側面というべきかもしれない）は、それが非常に単純なのに非常に多くの可能性をもっていることである。そのすぐれた特性をもう少し深く分析すると、ブロックの結合方法が非常に明確で多すぎないということがきわめて重要だと考えられる。

数学もレゴのように進められる。いくつかの基本的構成要素とそれらを結合するいくつかの方法から始める。そして、何を組み立てられるか考えるのである。しかし、そのやり方はふたつある。

(1) ブロックから始めて、何を組み立てられるか考える。
(2) 組み立てたいものから始めて、それを組み立てるためにはどんなブロックが必要か考える。

たとえば、レゴの自動車を作るには、きっと車輪が必要だろう。レゴランドでするように基本ブロックから車輪を作れるような本当に大きなものを作っているのでないならだが。

これは、内的か外的かの議論と関係がある。ある意味、公理化は数学的構造あるいは数学的世界全体を扱うための外的に動機づけされた手段である。それは、望みの構造を論理を使って作る方法を得る手段である。

では、数でそれを試してみよう。1、2、3、4、5……とすべての自然数を作るには、1という数を「ブロック」として、物をくっつけていく要領で「加えて」いくだけでよい。このやり方だと100万を作るのに長い時間かかるだろうが、数学でまず気にするのは、何かが**原理上**できるかどうかである。どれだけ長くかかるかはまったく別の問題である。そして何といっても、大富豪の中には、オープンチップスのようなちっぽけな商品を売って、1ポンド（あるいはドル）ずつためて億という金を作った人もいる。だから、よちよち歩きの子どもが階段をのぼるのを覚えるとあんなに興奮するのだと思う。覚えなければならないのは１段のぼることだけで、これを繰り返し行なえばもっともっと高いところまで行けて、きっとはるばる空まで行けると思うからである（ただし、たいてい誰か興ざめな大人がやってきて、階段から連れ去ってしまうが）。

レゴの（2）のやり方をしてから（1）のやり方をすると、物事はがぜん面白くなる。つまり、まず自動車を作りたいと思い、そのために必要な部品 ── 車輪やドアなど ── をすべて手に入れる。それから、同じ部品でほかに何が作れるか考えるのだ ── たぶんピックアップトラック、それとも宇宙ロケットだろうか。

また、ブロックを結合するもっと面白いやり方について考え始めるかもしれない。小さな子どもがレゴで遊び始めると、ただブロックをまっすぐ上へ上へとくっつけて大きな塔にしているのを目にするかもしれない。ずらしてくっつけて壁を作れるようになるまでには、もう少し長くかかるだろう。それから角を曲げて家をまるごと作れるようになるには、どれだけかかるだろうか。数についても同様で、ただ加えていくのに飽きたら引き算、掛け算、割り算へと進み、同じようにして分数を考え出したのである。

数学の公理は、基本的なレゴブロックとそれを結合するのに許されるやり方のようなものである。数学者が彼らの世界を厳しい論理に従うように設定する方法のひとつが、「公理化」である。つまり、どのブロックとどの結合方法を使ってもよいか決めるのである。これはほかのブロックや手法が決して使えないということではないが、とりあえずそれだけを許して、そのやり方でどれだけ作れるか探るのである。

重要なのはブロックが**基本的**なものとみなされることである ──ブロックを１箱与えられたあなたは、それをばらばらに壊そうとはしない。まあ、レゴに対する反応としてそれを粉々にしようとする子どもがいるのは確かだが。

整数に関する公理をいくつか示す。

＊任意のふたつの整数を足して別の整数を得ることができる。
＊ a、b、c を任意の整数とすると、$(a+b)+c=a+(b+c)$ である。
＊ a を任意の整数とすると、$0+a=a$ である。
＊各整数 a について、$a+b=0$ であるような別の整数 b がある。

最後のルールはじつは負の数についていっているのだから、当然、たんに自然数についてではなく整数についての話でなくてはならない。しかし、「3時間時計」について話している可能性もある。この時計には1、2、3という数しかないため、負の数があるようには見えないと思われるかもしれない。しかし、0が3と同じだということを思い出したら、これらの数はひとつひとつが足し合わせると0になる相手をもっている。

$$1+2=3$$
$$2+1=3$$
$$3+3=3$$

これらの公理はじつは**群**という数学的概念の公理である。あとで見ていくように、数とまったく関係ないものも含め群の例はほかにもたくさんある。

医者と看護師のサッカー

奇妙な抜け道が生じないように周到なルールを課す

医者をしている友人が、あるとき、ケンブリッジのアデンブルックス病院でしている医者と看護師のサッカーの試合について話してくれた。それは男女混合チームで行ない、チームの女性選手ひとりにつきワンゴールのボーナスをもらって始めるらしい。そして、あるチームがほかのどのチームより女性選手が多いことに気づき、試合の間ずっとチーム全員がゴールにただ立っているだけという事態になったのだという。

あなたは、まともな人間なら、たんにルールを文字通りに守るのではなく、その精神を守るべきだと思うだろうか。それとも、そのような奇妙な抜け道を生じさせないように、ルールを十分に抜かりのないものにすべきだと思うだろうか。

数学では、ひたすら論理のルールに従う対象を扱っている。このため、ルールの字句ではなくルールの精神を解釈するよう求めることは決してできない。ルールの「字句」は厳密な論理でそれに従うならどうなるか示しているのであり、つまりそれが数学的対象が従う唯一のことである。このためこうしたルールを作るときには、抜け道ができないようにこちらが注意しなければならない。

数学にも混乱を招きかねない抜け道の例がある。**素数が1とそれ自身だけで割り切れる**ものだということを思い出してほしい。しかし、ほとんど後知恵のように注意事項を加える必要があり、1という数は素数とみなさないと言明する。

ときにはこれは、「そう、素数はきっかりふたつの約数をもつが、1はひとつしかもたない」というように説明される。それは本当のことだが、**なぜ**このルールが必要なのかは説明していない。重要なことは、素数が何のためにあるか理解することである。素数は、足し算ではなく掛け算で数を作ろうとしているときの数の基本単位である。足し算で作っているときは、1という数さえあればよく、それを足し続けていればほかのあらゆる数が得られる。しかし、掛け算で作っているときは、1という数は何ももたらしてくれない。1を掛けても何も起こらないのである。それは、1があまり適切な基本単位ではないことを意味している。

もっと専門的には、あらゆる整数はそれぞれが**ただひとつの**やり方で素数の積で表せるといえる必要がある。たとえば6という数を素数を掛け合わせて作るには、唯一2 × 3という方法しかない（順序は重要ではなく、3 × 2は同じこととみなす）。しかし、1を素数とみなすといったら、1 × 2 × 3や1 × 1 × 2 × 3などとすることもできるだろう。なんとかしなければ、1がなにもかも台無しにしてしまう。このため、この抜け道を禁止しなければならないのである。

民主主義

周到なルールを課すと奇妙な影響を及ぼすことがある

公正な投票制度などない。

これについてはあなたにも思い当たるふしがあるのではないだろうか。あるいは、自身の選挙の経験から、それを強く信じているかもしれない。しかし、これは数学の定理でもある。

じつをいうと、この一文の意味を理解するには、まず公正という言葉が正確に何を意味するかについて厳密になる必要がある。つまり、公理を厳密に立てなければならない。この場合、それはアローの定理と呼ばれるものである。それは、政治的な選挙だけでなく、審査員団が順位を決める必要のあるコンテストのようなものでも重要である。

この設定での公正な投票制度の公理は次の通りである。

(1) 非独裁性：結果は複数の人によって決められる。

(2) 全会一致性：全員が X が Y よりもよいと投票したときは、最終結果で X が Y より高く位置づけられる。

(3) 無関係な選択対象からの独立性：X と Y の相対的順位は、誰かが Z について考えを変えても影響を受けない。

そしてアローの定理は、選択肢がふたり（またはふたつ）より多い場合、**公正な投票制度**はないといっている。

現代の民主的投票制度がもっともよく違反する公理は３番目のもので、だから戦術的投票がありうるのである。

あなたは、数学によくあるような、すべてが結局のところ定義の問題になってしまう議論をした経験があるかもしれない。たとえば、人は魂をもっているか否かについての議論をしようとする場合、「魂」が何を意味すると考えるかによってすべてが変わってしまう。

数学の目的のひとつは論理を用いてあらゆることを研究することで、数学者は答がつまるところ定義に関する議論になることは望まない。このため、彼らはまず定義として何を使っているか正確に述べるよう注意し、たとえば基本法則を定める。100メートル走で誰かがフライングで失格になると、あなたは腹を立てるかもしれないが、それがこの競技の厳格なルールなのである。あなたはこのルールに反対かもしれないが、ルールが適用されたという事実について（合理的に）

反論することはできない。

これは数学を厳密なものにしていることのひとつだが、人々が数学について欲求不満になる理由のひとつでもある。数学は非常に融通がきかない。あなたはルールが馬鹿げていると思うかもしれないが、それについて何もできない。私はつねづね、スカッシュのラケットのボールを打つ部分があんなに小さいのは苛々すると思っていた ── しかし、それもこの競技の一部である。公理の一部なのである。あなたは－１の平方根である「虚」数があるなど馬鹿げていると思っているだろうか。あいにく、あなたが馬鹿げていると思っても関係ない。私たちはその数が構成要素として含まれているゲームをすることができ、あなたがその存在を信じようが信じまいが何の違いも生じない。それはゲームなのだ。

走り高跳び

人間の判断を排除するために周到なルールを課す

スポーツとして走り高跳びに関して非常に得心がいくと思うことがある。といっても（抽象化についての章で嘆いたように）それに参加することではなく、観戦することに関してだ。ルールと目的が非常に明確に定義されているからである。しなければならないのはバーを越えることで、ほとんどそれだけである。もしかしたら私が見逃している細かい専門的なことがあるかもしれないが、観客の視点からいえば、そういうふうになっているように見える。それは、たとえばシンクロナイズドスイミングやレスリングといった、できるだけ客観的にしようと多大な努力がなされているが、それでも結局は人間の判断になってしまうように見える競技とは異なる。

数学では、すべてが論理によってのみ進むように、物事から人間の判断を除く。これにより、すべてが非常に明瞭になって満足するかもしれないし、基本的にあらゆることから自分自身を除くことになるから不満をおぼえるかもしれない。しかし、目的は人間の経験のすべてをこのプロセスにすることではない。それは走り高跳びが全人生だと主張しているのではないのと同じである（たとえ、走り高跳びをしているときに選手にはそのように思えてもだ）。目的は、あるシチュエーションのいくつかの側面を明確なやり方で研究することである。走り高跳びの場合、目的は、人間が一定量の助走で飛び越えることのできるバーの高さを知ることである。これは見ていて美しいし（背面跳び［英語ではフォスベリー・フロップという］には、名前にたがわず非常に優美なところがある）、人間についての純粋な特徴をひとつ浮き彫りにするという理由でも私を夢中にさせる。100 メートル走も同じ理由で私を魅了する。それは、ウサイン・ボルトがほかの人よりバスに間に合うのがうれしいからではない。

走り高跳びが最初にどのようにして「公理化された」か、つまりどのようにしてルールが生まれたか、あなたにもおおよそのことは想像できるだろう。ここでも、歴史をいくらかいじってもいいことにしよう。おそらく、どれだけ高く柵を飛び越えられるか互いに競争している人たちがいたのだろう。そしてきっと、ひとりが、柵まで走るとより高く跳べることに気がついたのだろう。それから、助走をどれだけの長さしてもよいかについて議論した。次に、落下の勢いをそぐために反対側にマットレスを置くことを許すかどうかについて議論した。そんなことが続いていったのである。

数学の公理化の部分も同じようなやり方で進められる。

a と b が整数（正または負の整数）であるとき、**有理数**は任意の分数 $\frac{a}{b}$ をとることにより整数からできる。すぐにあなたは、b が 0 だと理屈に合わないから、b は 0 であることが許されないという括弧書きを加える必要があることに気づくだろう。

しかし次には、$\frac{1}{2}$ がじつは $\frac{2}{4}$ や $\frac{3}{6}$ などと同じであることを説明する、もうひとつ別の括弧書きが必要なことに気づく。それをするにはふたつのやり方がある。この場合の分数はすべて**既約分数**、すなわち分子と分母が共通の約数をもたないと言明してもよい。しかし、これはちょっと不正直で、それは $\frac{2}{4}$ も立派な分数だからである。

これをするもっと数学的に完成したやり方は、すべての分数 $\frac{a}{b}$ をとるというが、それに次のような公理を加えて、実際には同じ分数の場合に対応するやり方である。

$a \times d = c \times b$ のときはつねに $\frac{a}{b} = \frac{c}{d}$

これは、少しあいまいに見えるが、結局は「どちらも約して既約分数にしたなら同じである」と同じことをいっている。そして、このことをいうずっと手際のよい方法なのである。

ケーキのカット

周到なルールを課してあいまいさを除く

あなたにきょうだいがいるなら、きっと小さなときにこの問題に出くわしたと思う。ケーキの最後の一切れをふたりで公平に分けるにはどうしたらいいだろう？　もしかしたらあなたは、「私が切って、あなたが選ぶ！」という見事な解決策を思いついたかもしれない。このとき、あなたが切る人だったら、公平に切るかどうかはあなたしだいで、一方を他方より大きくすれば、きょうだいが大きい方をとるのは明らかで、あなたは自分を責めるしかない。

これでめでたしめでたしなのだが、弟**と**妹がいて、３人でケーキを分けなければならないとしたらどうだろう。あるいは４人なら？　そして11人なら？

円形のケーキを分けているのならそれほど難しくないが（必要ならいつでも分度器を使えばよい）、それが一切れのケーキだったらどうだろう？　あるいは恐竜ケーキなら？　どうすればそれを公平に分けることができるだろうか。

ここで重要なのは、公平な投票制度の問題の場合と同じように、「公平」が何を意味するかということである。この問題を解こうとするのなら、問題が正確に何なのか明確にしなければならず、それにはケーキのカットのシチュエーションを公理化する必要がある。じつはこれはすでに行なわれており、数学の問題になっている。

では、3人で分けようとしているとしよう。「公平」にはふたつの考え方がある。

(1) 誰もが自分はケーキの少なくとも3分の1をもらったと**思う**。
(2) 誰もほかの誰かが自分より大きなケーキをもらったと**思わない**。

(1) の場合、みんなが自分のケーキ自体を評価して、「絶対的に公平」だと思うことができる。(2) の場合、今度はみんなが自分のケーキをほかのみんなのケーキと比較しているから、「相対的に公平」だと思うことができる。これは、誰もほかの人をうらやましがらないようにすることが重視されているので、「恨みっこなし」の分配とも呼ばれている。

ケーキをふたりで分けているだけなら、この2種類の公平は同じである。しかし3人以上になると、ずっと複雑になる。あなたは、自分がケーキの3分の1を手に入れたと思っていても、弟が自分より大きなのを取ったと思ったら、本当はあなたは問題にすべきではないのに、不公平だと思うだろう。

この問題は、こうした公平のルールを厳密に述べることにより、数学の問題になる。さまざまな複雑な可能性を考慮に入れる必要がある。ケーキが円形でないかもしれないし、アイシング、マジパン、サクランボなどさまざまなデコレーションが上にのっていて、人によってそれぞれ好みが違うかもしれない。小さな頃、私と親友はクリスマスケーキをいつもとてもうまく分けることができた。それは、彼女はケーキ部分が好きではなく、私はアイシングとマジパンが好きではなかったからである［イギリスの伝統的なクリスマスケーキは、ドライフルーツと酒を使ったケーキをアイシングとマジパンでおおったもの］。

じつは、ケーキの分配を非常に厳密に公理化してしまえば、切り分けることができないものも含め**あらゆるもの**の分配に容易に適用できる。この問題は数学的に解くことができ、その解法はやや複雑である。面白いのは、うらやましいと思う気持ちがかかわってくるとずっと複雑になることである ── ねたみが世の中を複雑にすることの数学的証明である。

何らかの方法でケーキを n 人で分けるとき、みんなそれぞれ自分のケーキが全体の何割にあたるか考える。したがって、5人いて、ケーキは完全に公平に分けられたと思えば、切ったものにそれぞれ $\frac{1}{5}$ または0.2という点数を与えるだろう。だが、公平だと思わなければ、もしかしたら5切れのケーキに

0.3、0.25、0.25、0.1、0.1

という点数を与えて、そのうちのひとつが一番よくて（ひょっとすると、上にサクランボがのっているからかもしれない）、ふたつは明らかにごまかされていることを示すかもしれない。しかしほかの人は違うふうに点数をつけるかもしれない（もしかしたらサクランボが嫌いだから）。

* **絶対的公平**とは、みんなが自分で少なくとも $\frac{1}{n}$ という点数をつけたケーキをもらうことを意味する。
* **相対的公平**は、私が自分のケーキ x とあなたのケーキ y を評

価したら $x \geqq y$ であることを意味する。

このため、私の友人とアイシングの例では、私はアイシングのないケーキに1、ケーキのないアイシングに0と点数をつけた。そして友人は逆に、アイシングのないケーキに0、ケーキのないアイシングに1と点数をつけた。私は自分のケーキのほうがずっとよいと思い、友人は自分のもののほうがずっとよいと思ったので、私たちはふたりとも満足で、生涯の友だちになった。

どうして？　どうして？　どうして？（再び）

周到な論理のルールはどこから生まれるのか

小さな子どもから「どうして？」と繰り返し尋ねられたら、これは本当にいつか終わるのだろうかとあなたは思うかもしれない。答はノー。終わらない。小さな子どもは、説明しがたいこともあるという事実に、私たちより悩まされるようだ。大人の私たちは、たとえ説明されなくても、何らかのより高い権威に基づいて提示されているという理由で物事を真として受け入れることに慣れてしまう。近頃ではたいていの人が地球は太陽の周りを回っているということを受け入れているが、大多数の人はほかの人からそれが本当だといわれる以外、この事実の証拠を何も見たことがないのに信じている。なぜ私たちは信じるのだろう。それは、ほかにそれを確認した人がいると信じているからである。しかし、なぜそれらの人々を信じるのだろう。

私たちは子どもに「合理的な」考え方を学んでほしいと思うが、理解できないことを信じるよう望んでもいる。それでは彼らが混乱するのは当然だと私は思う。大人は、本当に論理の一部であることと「信念」であることの間をでたらめに行ったりきたりしているのである。

その区別を非常に明確にすることが、公理化の意義のひとつである。私たちには、一方に基本的出発点、すなわち私たちが正当であることを証明しようとしない真理という公理が存在する。そして他方に論理的演繹というものがあり、公理という出発点から正当とみなされる別の真理へ導いてくれる。

重要なことは、いくつかの仮定から始めなければ、どこにもたどり着けないということである。あなたは、ブロックがひとつもないところから始めて、レゴで何かを作ろうとしたことがあるだろうか。もちろんないだろう。同じように、純粋な論理を用いるのはけっこうだが、ほかのことから何かを演繹することしかできない。何もないところから始めれば、何も得られない。したがって、ルイス・キャロルが雑誌『マインド』1895年号の「カメがアキレスにいったこと」で最初に発表した次のようなパラドックスに書かれているように、結局のところ数学が扱うのは「絶対的真理」ではないのである。

キャロルは、次の3つの文について考察する。

(A) 同一のものに等しいものは互いに等しい。
(B) この三角形の2辺は同一のものに等しいものである。
(Z) この三角形の2辺は互いに等しい。

これは、三角形の2辺を定規で測り、どちらも5センチメートルの長さであることがわかったような場合である。それは三角形の2辺が**互いに**同じ長さであることを意味しているのだろうか。つまり、Zは論理的にAとBから結論されるのだろうか。それはかなり明白なことのように思える……しかし、なぜ？　2歳の子どもからなぜと尋ねられたら、あなたは何というだろう。これは説明するのがかなり難しい。これがパラドックスと呼ばれる理由は、いったんAとBがわかってしまえばZが真なのはきわめて明白だと思えるのに、論理的にそれをAとB**のみ**から演繹する方法がないからである。私たちが次の命題を信じるから、Zが結論されるにすぎない。

(C) AとBが真であるなら、Zは真でなければならない。

これでZが結論されるだろうか。それは私たちが次のことを信じるからにすぎない。

(D) AとBとCが真であるなら、Zは真でなければならない。

これで、A、B、C……からZが結論されるだろうか。やれやれ。Zは「明らかに」AとBの結果なのに、Zに至るために無限の数のステップが必要な状況に陥ったようだ。だから、パラドックスと呼ばれるのである。

あなたは今、私を殴って、ZはAとBから結論されるんだといいたいかもしれない。実際、それは数学もやっていることである。数学は、Pが真であることがわかり、「PがQを意味する」こともわかっていれば、Qは真であると結論することが許されるということを、基本法則として受け入れているのである。

キャロルのパラドックスでは、Pは「この三角形の2辺は同一のものに等しい」で、Qは「この三角形の2辺は互いに等しい」である。

数理論理学ではこの基本法則は、何かをほかのものから推論できるようにするため**推論のルール**と呼ばれる。これには**モーダスポネンス**(文字通りの意味は「肯定の方式」)という立派な名前が与えられ、あまりに基本的で明白なため、それが本当は公理、すなわち使用することが許されている材料であることを思い出すのが難しいことがある。それは、レシピにおいて、あまりに基本的なので塩とコショウを材料とみなさないのと似ている。あなたにこの「パラドックス」がまだパラドックスのように見えないなら、それはこの推論のルールが論理的思考においていかに基本的なものであるかを示す証拠なのかもしれない。

すべての数学的手順は、何か基本的な仮定A、B、Cなどから始めて、論理を用いて、推論のルールを使いながら何らかの最終結論 Z に達しようとするプロセスであると考えることができる。それを正しく行なうにはどうしたらいいか理解できるように、今度は間違ってしまう可能性があるふたつの場合を見ていこう。ひとつは、正しい仮定から始めるが、演繹のプロセスが間違っている場合である。これは正しい材料を使っているが作り方が間違っているレシピの場合に似ている。しかしまず､基本的な仮定さえ結局は間違っていた場合を見ていこう。

ヘリコバクター
ルールは正しいが構成要素が間違っているとき

2005年のノーベル生理学医学賞は､胃の中のピロリ菌（*Helicobacter pylori*）の発見と、その胃炎と潰瘍における役割に関する研究に対し、バリー・マーシャルとロビン・ウォレンに与えられた。受賞スピーチでウォレンは、この細菌が本当に胃の中にいることを世間に納得させるのがいかに難しかったか語った。彼は次のように述べている。

> 100年以上前の医学細菌学の黎明期から、細菌は胃の中で増えないと教えられてきた。私が学生だった頃は、これはあまりに明白なこととみなされて､ほとんど言及する価値もなかった。それは､「地球が平らだとみんな知っている」のと同じように「周知の事実」だった。

医学界はそれを公理、つまり正しいことを証明する必要がないものとみなしていたようである。地球は平らだと思い込むのと同じくらい道理にかなったことだとみなしていたのである。ウォレンは次のように続けている。

> 私の医学の知識、そしてのちには病理学の知識が増すにつれ､「周

知の事実」にしばしば例外があることに私は気づいた。

すなわち、ときには公理が間違いだとわかる場合もあるのである。ある体系をどう公理化したか明確に表現することの意味のひとつは、そうするとどの事実を問題にする必要があるかわかることにある。たとえばユークリッドが幾何学を公理化したことにより、数学者は平行線について明確に考えることができるようになり、それによって今度は、本書でこれまでに述べた、さまざまな種類の幾何学を考え出すことが可能になったのである。

幼児の突然死

構成要素は正しいがルールが間違っているとき

1999年に弁護士のサリー・クラークは、幼い息子ふたりを殺したとして誤って有罪を宣告された。この有罪判決はおもに、小児科医のロイ・メドーが提出した「鑑定」に基づくものだった。問題は、ふたりの赤ちゃんがどちらも幼児突然死症候群だったのか、それともそれは偶然にしてはできすぎか、ということである。メドーは、同じ家族で幼児突然死が2度起こる確率は7300万分の1だと断言した。致命的な欠陥は、メドーが単純にひとつの幼児突然死が起こる確率を2乗してこの結論に至ったことである。

確かにそれは、多くのシチュエーションで、何かが2回起こる確率を計算する正しい方法である。コインを投げて、表が出る確率は2分の1だとされている。2回投げたとき、2回とも表が出る確率は

$$\frac{1}{2} \times \frac{1}{2} = \frac{1}{4}$$

である。しかし、1000回投げて毎回表が出たら、コインに錘がついていて、表が出る確率が$\frac{1}{2}$になっていないのではないかと疑い始めるだろう。表になって落ちるように前もって何らかの処置がしてあっ

たのではないかと思うのである。

いくつかの病気の場合、同じように確率は単純ではないのではないかと思うようになるまでに、一家族で1000の症例は必要ない。家族のひとりがインフルエンザにかかったら、あなたもかかる可能性がずっと高く、それは感染するからにすぎない。病気に何らかの遺伝的要因があっても、同じことがいえる。たとえば、家族の女性がひとり乳癌になったら、ほかの女性も乳癌になる可能性はずっと高くなる。この場合は感染するからではなく、その家族が乳癌になる傾向が比較的強いというためには症例がひとつあれば十分だからである。

専門用語でいえば、これは同じ家族の人の乳癌の発生は**独立の**事象ではないということを示している。確率が単純に掛け算することにより計算できるのは、事象が独立しているときだけである。

ロイ・メドーは次のように仮定したと思われる。

(A) 乳児の突然死が起こる確率は（およそ）8500分の1である。
(B) ふたつの独立した事象が起こる確率は、ひとつの事象が起こる確率を2乗することによって得られる。
(Z) このため、ひとつの家族で幼児の突然死が2件起こる確率は8500分の1の2乗である。

しかしじつは隠された仮定があった。

(C) ひとつの家族での幼児の突然死は独立した事象である。

当時、AとBの仮定は反駁不可能に思えたため、Zが受け入れられた。しかし、統計学の専門家がすぐにこの誤りを見抜き、王立統計学会がプレスリリースを発表して、注目を集めた。非論理的であるのは危険かもしれないが、論理を間違って適用するのはさらに悪いこともあり、科学的真理の外見をまとうと素人には異議を唱えるのが難しくなる。サリー・クラークの有罪判決はくつがえされたが、それは2003年になってからのことで、すでにそのとき彼女はふたつの殺人の罪で3年刑務所で過ごしていた。彼女はこの衝撃的な経験から立ち直ることができず、4年後にアルコール中毒で死亡した。

チェス

単純なルール、複雑なゲーム

チェスのいつまでも変わらない魅力のひとつが、ルールを説明するのはそれほど難しくないのに、結果としてゲームが恐ろしく複雑だということである。最近、6歳の子どもにルールを説明したが、このゲームのコンピュータ版は仮想的に特定の駒をどこに動かせるか子どもにもわかるように教えてくれるので、すぐに遊ぶことができた。

ゲームのルールを作ること、つまりシステムを公理化することに関して非常に満足に思うのが、いかに少ないルール、つまりいかに少ない公理から始めても、それでも本当に複雑なゲームができる場合である。これは、第5章で論じたように、数学者が平行線公準はユークリッド幾何学に不必要なことを示そうとしたときに似ている。ルールのひとつがどれかほかのものから演繹できるなら、それを声高にいう必要はないのである。

数学の中でも圏論の非常に魅力的なことのひとつが、最初にあまり多くのルールを必要としないところである。しかし、数学と同じように、圏論は（少なくとも）ふたつの理由で難しく見えるかもしれない。

(1) あなたは自分が解明しようとしている課題について、知らないか関心をもっていないのかもしれない。これが問題になるのは、あなたが内的動機より外的動機によって動いているときである。

(2) 圏論は仮定をごく少ししか使わず、そのためどこかへ到達するには懸命に努力しなくてはならないように思える。これは、非常に小さなピースのジグソーパズルをしているのにちょっと似ている。あるいは、ケーキミックスを使わずに最初からレシピを作るのと似ている。

２番目のポイントは、非常に高価な器具が必要なスポーツ（たとえばセーリング）に比べるとほとんど必要でないスポーツ（たとえばランニング）の問題にちょっと似ている。当然のことだが、豊かな国は高価な器具が必要なスポーツでどちらかというと成績がよい。しかし、観戦するのも、人間の行動の調査としても、私はそのような器具を使わないスポーツのほうにずっと興味がある。そう、10km 走る方が自転車で 10km 走るよりずっとハードだが、競技者たちが自分自身の肉体だけを頼りにするという事実は非常に刺激的である。

同様に、数学は知力だけを頼みにするから、あらゆる科目のうちでもっとも刺激的だと私は思う。

数体系、時計、対称

公理化の例

では、「時計」の算術と図形の対称を同じ枠内に入れることができるようにする数体系の公理化について説明しよう。それは「群」という数学的概念である。

まず、「対象」の集合が存在することを言明する。この時点ではこれらの対象が何であってもかまわない。問題なのは、これから課そうとしているルールに従うかどうかである。最後には、それらが整数、分数、三角形の対称、そのほか多くのものでありうることがわかるだろう。正の数または有理数のみだとうまくいかない。鳥や自動車やリンゴを取り上げる場合もうまくいかない。

次に、任意のふたつの対象を結合して同じ種類の第３の対象を作る方法があることを言明する。数の場合、これは足したり掛けたりすることだといえる。引き算を試してみることもできるが、ルールを調べればすぐに、それだとすべてのルールに従わないことがわかる。

この対象を「結合する方法」は、ふたつのものを選んでそれに対して演算を実施して第3のものを作るため、「二項演算」と呼ばれる。より抽象的なシチュエーションでは、この演算は対象を結合しているようにはまったく見えないかもしれない。それは、答として第3の対象を生じるプロセスならどんなものでもよい。これを一般に∘と書くことがある。実際には＋か×か、それともまったく別のものなのか不明なのだが、それが従わなければならないルールがどんなものか記述するときに何らかの形でそれを書く必要があるためである。では、ルールを示そう。

結合法則

任意の3つの対象 a、b、c について、次の等式が成立しなければならない。

$$(a \circ b) \circ c = a \circ (b \circ c)$$

足し算であれば、次のようなことをいっている。

$$(2 + 3) + 4 = 2 + (3 + 4)$$

掛け算であれば、次のようなことをいっている。

$$(2 \times 3) \times 4 = 2 \times (3 \times 4)$$

a、b、c と ∘ という奇妙な記号を使った「抽象的な」公式のおかげで、苦労しなくてすむ。すべての数一つひとつについてこの等式を書く必要がないだけでなく（無限に多くの数があるため、それは不可能である）、足し算と掛け算はどちらも同じ概念の例なので、それらを分けて書く必要さえない。

次に、引き算ではうまくいかないことを見ておこう。それは、たとえば

$$5 - (3 - 1) = 5 - 2 = 3$$

だが

$$(5-3)-1=2-1=1$$

となり、結合法則が成立しないからである。

恒等元

「何もしない」対象が存在しなければならない。これをＥとすると、このときそれは任意の対象 a について

$$a \circ E = a \text{ かつ } E \circ a = a$$

であることを意味する。対象Ｅは**恒等元**と呼ばれ、中立元と呼ばれることもある。

数と足し算について話している場合の恒等元が何かわかるだろうか。それはほかのどの数に足しても何も起こらないような数でなければならない。したがってそれは０でなくてはならない。

数と掛け算について話しているならどうだろう。それは、ほかのどの数に掛けても何も起こらないような数でなければならない。したがって、それは１でなくてはならない。

これは、無理数だけで二項演算ができない理由のひとつである。それは、恒等元になれる無理数がないからである。

逆元

あらゆる対象は、互いに消しあうことができるような**逆**の対象をもっていなければならない。専門用語でいえば、これはすなわち、両者を結合すると答が**恒等元**にならなければいけないということである。したがって、あらゆる対象 a について、次のような対象 b がなければならない。

$$a \circ b = E \text{ かつ } b \circ a = E$$

数と足し算の話をしているとしたら、これが何を意味するかわかるだろうか。その場合、恒等元が0であることを思い出してほしい。すると、任意の数aについて次の式が成り立つような別の数bが必要になる。

$$a + b = 0 \text{ かつ } b + a = 0$$

これが抽象的すぎるなら、実際の数、たとえば2で試してみるとよい。2に足して0にすることのできる数は何があるだろう。答は－2だ。そして、aを$-a$に加えるとつねに0になるように、これは任意の数aについても成り立つ。ここで負の数でも成り立つことをおぼえておくとよい。－2から始めると、これに足して0になる数は2だが、それは$-(-2)$と同じである。

このため、たとえ0を含めたとしても正の数だけではこれができない。なぜなら、逆元を使えないからである。

数と掛け算の話をしているならどうだろう？　その場合、恒等元は1で、したがって各数aについて次のような別の数bが必要になる。

$$a \times b = 1 \text{ かつ } b \times a = 1$$

この場合も2で試してみよう。2を掛けて1にすることができる数は何だろう。答は$\frac{1}{2}$だ。ここでふたつのことがわかるはずだ。まず、これを整数で行なうことはできない──分数が必要である。次に、0でこれを行うことはできない。なぜなら、0に何を掛けても**つねに**0になり、1という答を得ることができないからである。

例

群の概念を公理化したので、どんな例があるかいくつか示すことができる。それぞれの場合について、対象の集合が何で、それらを結合している方法が何かいわなければならない。

* 整数の**足し算**は例だが、整数の**掛け算**は違う。それは、逆元がないからである。
* 有理数の足し算は例だが、有理数の掛け算は違う。それは0の逆元がないからである。
* 無理数の足し算は例ではない。なぜなら、足し算は無理数に対して有効な二項演算でさえないのだから ── ふたつの無理数を足すと答が有理数になることもある。たとえば$\sqrt{2}$と$-\sqrt{2}$を足してみることは可能だが、もちろん0になり、これは有理数である。これを「ごまかし」と思われるだろうか。これは頭を悩ます例かもしれないが、それが悩みの種になろうがなるまいが数学では杓子定規にルールに従うだけなのである。
* 自然数（正の整数）の足し算も掛け算も例ではなく、それは逆元がないからである。
* 自然数の引き算は例でない。この場合も、引き算は自然数に対して有効な二項演算ではないからである。たとえば1と4は自然数だが、$1-4=-3$でこれは自然数ではない。整数に対しては引き算は二項演算であるが、すでに見たように結合法則を満たさないため、この演算は整数を群としない。
* 3時間時計の算術は例である。対象の集合は1、2、3という数だけで、それらを結合する方法は3時間時計の足し算である。任意の時間数についてこれをしてn時間時計を得ることができる。数学的にはこれは「整数のモジュロn」と呼ばれる。時計の文字盤に関する算術は**モジュラ演算**と呼ばれ、これは興味深い例なので、このあとも何度か触れる。

行列が次のように書かれることを思い出してほしい。

$$\begin{pmatrix} 1 & 0 \\ 3 & 2 \end{pmatrix}$$

これは列が2、行が2あるので、2 × 2行列である。同じ位置の数を足すことにより、2 × 2の行列同士を合計することができる。

$$\begin{pmatrix} 1 & 0 \\ 3 & 2 \end{pmatrix} + \begin{pmatrix} 7 & 4 \\ 6 & 5 \end{pmatrix} = \begin{pmatrix} 8 & 4 \\ 9 & 7 \end{pmatrix}$$

こうなるのは、左上で1 + 7、右上で0 + 4……と計算するからである。すると、何かに足そうとしても「何もしない」行列をさがすことができる。それは次の行列である。

$$\begin{pmatrix} 0 & 0 \\ 0 & 0 \end{pmatrix}$$

これは、行列の世界でゼロの役割を果たす行列である。ほかの公理をすべて確認して、2 × 2行列が足し算で群を形成することを証明することができる。これはほかのどの大きさの行列にも有効だが、大きさが違うと合計できないため、異なる大きさのものを混在させることはできない。

最後に、数に関係ない例でこの公理化の力を示そう。じつはこの例こそが、対称について考える群の考え方が生まれたところである。

正三角形の対称についてはすでに言及した。

対称には回転対称と鏡映対称の2種類がある。正三角形の場合、どちらの対称も3つずつある。

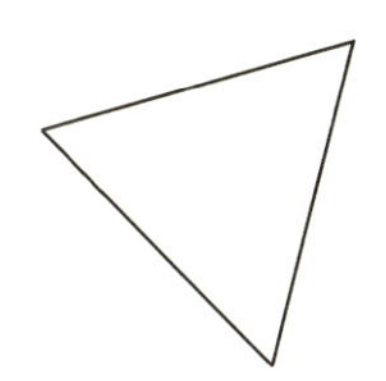
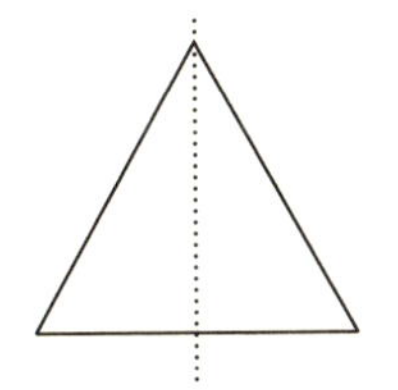

数学では、対称を三角形に対して実行する**動作**と考えることができる。三角形を切り出してそれを回転させる様子を想像するとよい。鏡映対称については、対称軸にそって裏返せばよい（普通、鏡映対称は半分に折ると両方が合うと説明するのだが、裏返しても同じに見える様子を思い浮かべてもよい）。

そうすると、一方をしてそれからもう一方をすることにより、これらの対称を組み合わせることができる。三角形を回転させ、それから裏返すのを想像するのである。その結果はまた別の対称になるはずである。たとえば、

* 回転させたのちにまた回転させると、3つのうちの残りの回転をしたのと同じことになる。
* 裏返したのちにまた裏返すと表に戻るが、異なる軸で裏返した場合は回転したことになる。
* 裏返したのち回転させると、結局、裏になり、別の対称軸にそって裏返したのと同じこと、つまり鏡映になるはずである。回転させてから裏返しても同じことである。

対称のありうる組み合わせすべてと、連続してふたつの動作をするとどんな結果になるかを示す6×6の大きな表を作るとよい。それから、公理が満たされているか確認しよう。恒等元は、おそらく誰もそれについてあまり考えていない対称、つまり0°の回転である。対称を動作と考えているなら、これは三角形を正確に同じ場所に置いたままにしていることを意味する。

こうすると、逆元が何か理解しやすい。回転の逆元は、量は同じだが逆向きの回転である。鏡映の逆元は、同じ対称軸での鏡映である——2回同じように裏返すと、正確に最初の状態に戻る。結合法則が成り立つかどうか見るのはもう少し難しいが、可能性があるものすべてを書き出してみれば、それが成り立っていることがわかる。

これは、正三角形の対称はひとつの群を形成することを意味している。そしてじつは、あらゆる既知の対象の対称は群を形成する。これは群を研究する重要な理由のひとつで、ものを抽象的に見れば、それらの間にありそうもない類似性を発見できることを示している。結局のところ、数学は物事の間の類似性を発見し、圏論は数学的なものの間の類似性を発見するのである。

第８章　数学とは何か

カスタード

【材料】

卵黄　６個分
白砂糖　50g
好みで生クリームか低脂肪クリームか牛乳　500ml

【作り方】

1. 卵黄と白砂糖を、白っぽく濃厚なクリーム状になるまでかき混ぜる。かき混ぜているときに注意して見ていると、まるで化学変化を起こしたように色が変わり、目に見えて濃厚になるのがわかる。
2. 牛乳かクリームを、鍋のふちにそって泡が現れるまで温める。卵と砂糖を混ぜ合わせたものに少しずつ注ぎ入れながら、やさしくかき混ぜる。
3. 鍋を素早く洗って乾かし、混ぜたものを戻す。スプーンの背にべっとりつくようになるまで、絶えずかき混ぜながら弱火で温める。

カスタード作りの手順は慎重を要する作業だと思われている。その理由は、レシピの最後のステップに隠されている。最後のステップをもっと正確に記述すれば次のようになる。

よく見てカスタードが質的変化を起こしたように濃厚になるまで待って、火からおろす。しかし、カスタードが望みの濃さになるまで待ってはいけない。それは、火からおろしたのちも加熱は続くので、加熱のしすぎになって凝固するかもしれないからである。しかし、十分に待たないと、薄くて生煮えのカスタードになる。上にこし器を載せたガラスの水差しを用意しておくとよい。カスタードを注いでこし器を通すと、より早く加熱が止まる。私は両方のやり方を試したことがあり、違いが認められたという確信はないが、この方法だとあらゆる可能な予防策をとったという心強い気持ちになった。ぎりぎりに見積もっていると、注ぎ終えるまでに鍋に残ったカスタードの最後の部分が加熱しすぎになるので、最後の部分は残しておいたほうがいいかもしれない。

これで、なぜカスタードが難しいと考えられているのかわかるだろう。指示があまり明確でないのである。材料を量り、オーブンの温度を設定し、タイマーをセットするのとは違う。最後のステップを説明するには小論文がほとんどまるごと一本必要で、そのときでさえ、これを正しく行なうには自分で練習するしかない。本にはしばしば、カスタードが木製のスプーンの背にべっとりつき、指を滑らせたときに跡が残るようになるまで待つよう書いてあるが、私はこの指示をいまだに理解できないでいる。なぜなら、材料を混ぜた液を加熱し始める前でさえ指の跡が残るように見えるからである。これは、カスタード作りのことを面白いがちょっと怖いと思う理由のひとつである。短時間で自分で判断しなければならず、ロボットにこれをさせるのは難しいだろう。

カスタードは難しいというのと同じ意味合いで、数学は**簡単**であることを示して、本書の前半を終わることにしよう。

論理的か非論理的か

なぜ数学は簡単で人生は難しいのか

数学が難しいというのは広く認められた真理である。というか、少なくとも、私が誰かに自分は数学者だというと、相手が「へー、きっととても頭がいいんだね」と応じる回数からいって、どうもそうらしい。

だが、これは数学の神話である。これから、それをくつがえす大胆な一歩 —— ひょっとしたら向こう見ずな一歩 —— を踏み出すことにする。これは、テレビ番組でマスクマジシャンが手品のトリックを明かしたのとちょっと似ている —— その結果、彼はマジック界から中傷されることになった。それでも私は数学が簡単なことを示す、というより正確には「簡単な数学」を示そう。

まず、ケーキを切る問題で、最初に「公平」が何を意味するか明確にしなければならないのと同じように、「簡単」が何を意味するか明確にしたほうがよいだろう。そして、私が思っているのはこうだ。何かが論理的な思考プロセスによって達成できるなら、それは簡単である。つまり、想像、当て推量、運、直感、入り組んだ解釈、盲信、脅迫、薬物、暴力などなどに頼る必要がないのである。

それに比べて人生は難しい。つまり、論理的な思考プロセスによって達成できないことがある。それは一時的な必要悪とみなされることもあれば、永遠に美しい真実とみなされることもある。つまり、次のように考えることができる。

(1) 人生がそのようなのは、私たちがまだそれをみな理解できるほど論理の面で十分な力をもっていないからにすぎず、私たちはこの究極の合理性という目標に向けて絶えず努力しなくてはならない。
(2) 合理性だけでは決してすべてのことを包含することができない。それは人間という存在の必要かつ美しい側面である。

私は2番目のほうの立場をとる。理由を説明しよう。

数学は簡単だ

「簡単」を正しく定義しているかぎり

数学とは何か？　これまでに「数学は、論理のルールを使って論理のルールに従うあらゆることを研究する学問である」と述べた。数学は何のためにあるのか？　本書の前半の議論は次のように要約できる。数学には大まかにふたつの目的がある。

(1) さまざまな概念について正確に述べるための言語と、それについて明確な議論をするための体系を提供する。
(2) 多岐にわたる概念を、それらすべてに共通する意味ある特徴にのみ注目することにより、同時に比較し研究できるように概念を理想化する。

もっと平たくいえば、数学は難しいことをもっと簡単にするためにある。「物事」が難しいのには多くの理由があり、数学が（いずれにしても直接には）そのすべてを扱うわけではない。一般には難しいとされる物事に数学が取り組む場合が3つある。

(1) 直感がそれを解決できるほど強くない場合。
(2) あちこちにあいまいな部分が多くありすぎて、何がなにやら理解するのが不可能な場合。
(3) あまりに多くの問題があって整理できず、それをするにはあまりに時間が少ない場合。

次のように数学が助けてくれる。

(1) 普通の直感には難しすぎる議論を組み立てたり理解したりするのを助けてくれる。
(2) 数学はあいまいさを取り除くひとつの方法であり、自分たちが何を話しているのか明確に知ることができる。
(3) 数学は、多くの問題がじつはみな同じ問題であることを示すことにより、同時に多くの問題に答えて、近道をする。

どのようにしてそれをするのか？　抽象化によって。あいまいさの原因となっていることを捨て去り、当面の問題に無関係な細かなことを無視するのである。

捨て去り無視し続けると、最後には、あいまいなところのない論理的思考を適用しさえすればほかには何もしなくてよいところにたどり着く。

バナナとブロンド

難しい詳細を無視する

では、数学のテクニックを使って整理してみるとよい問題をいくつか紹介しよう。

(1) 1本のバナナと1本のバナナと1本のバナナは3本のバナナであり、1匹のカエルと1匹のカエルと1匹のカエルは3匹のカエルであり、以下、同じように続く。したがって、「ふむ、こう続くのだな」と考える。そしてそれは $1 + 1 + 1 = 3$ になる。
(2)「3人のブロンドと2人のブルネットは何人か？」といったらどうだろう？　髪の色という無関係な概念を捨てると、この質問は「3人と2人は何人か？」になる。そして最終的には、$3 + 2 = ?$ という合計の問題になる。
(3) 父の年齢は私の2倍だが、10年前は私の3倍だった。父は何歳か？

あるいは、この袋にはあの袋の2倍リンゴが入っているが、それぞれの袋から10個取り出したら、この袋にはあの袋の3倍入っている。リンゴは何個あるか？

どちらの問題も、次のような1対の方程式になる。

$$x = 2y$$
$$x - 10 = 3(y - 10)$$

この場合､明示的に連立方程式を使わなくてもできるかもしれないが、次の問題ならどうだろう。これを頭の中でできるだろうか。

柵の上にかけてあるロープは両側の長さが同じで、1フィート（約30センチメートル）当たり3分の1ポンド（約150グラム）の重さがある。一方の端にはバナナをもつサルがぶら下がり、もう一方の端にはサルの体重と同じ重さのおもりがぶら下がっている。バナナの重さは1インチ（約2.5センチメートル）当たり2オンス（約57グラム）である。ロープの長さのフィート数はサルの年齢と同じで、サルの体重のオンス数はサルの母親の年齢と同じである。サルと母ザルの年齢を合わせると30歳である。サルの体重の半分とバナナの重さを足すと、ロープとおもりの重さの合計の4分の1である。母ザルの年齢がこのサルの半分になるのは、母ザルがこのサルが今の4分の1の年齢だったときのこのサルの3倍の年齢だったときのこのサルと母ザルが同じ年齢だったときのこのサルの年齢の3分の1だったときの母ザルの2倍の年齢だったときのこのサルの年齢の4倍のときの母ザルの年齢とこのサルが同じになるときのこのサルの年齢の半分だったときの母サルの年齢の3倍にこのサルがなったときである。バナナの長さはいくらか？

(4) 私はとても幸せだ。バンジージャンプをしたらどんな気持ちだろう？　これではあまりにあいまいすぎる。では、数学はこれをどうするか？　無視する（そうすればずっと簡単になる）。

(5) スヌーカー［玉突きの一種］をプレイするときにどんなことが起こるか理解したい。だからまず、すべてが完全に球で、完全に滑らかで、完全に硬いと想定する。摩擦、弾性、回転などのような関連する細かなことについてはあとで考えよう。色のような関係ない詳細は無視できる。ただし、もちろん、実際には色は無関係ではない。しかし、勝つために黒い玉をポケットに入れようとするときに加える圧力は、数学が扱える問題ではない。

これは重要なことである。私たちは難しいことを無視することによって物事を簡単にする。数学は捨て去ってはいけない部分すべてである。簡単なことだ。

数学が簡単なら、なぜそれは難しいのか？

あなたはすでに、私の主張の弱点を指摘したいと思っているかもしれない。数学が簡単なら、なぜそれが難しいと思う人がいるのか？物事を難しくする方法は、それを簡単にする方法と同じくらいたくさんあり、非常に多くのものが数学に適用されてきたのは確かである。

誰かが数学は難しいと思うのなら、それは数学が何のためのものか教えてくれる人がいなかったからかもしれない。フォークを使うのはどちらかというとナイフより難しい。サンドイッチを食べようとしているときもかなり使いにくい。スープのときも。モルティーザーズ［チョコレート菓子（チョコボール）］のときも。

誰かが数学は難しいと思うのなら、それは数学で単純になる問題に答えたいと思っていないからかもしれない。三角法は三角形をじつに簡単にする。しかし、三角形に関心がなければ、三角法によって人生が簡単になったと思うことはまずないだろう。

しかし、想像力、当て推量、あるいは暴力を使うことが許されていないと、物事がずっと難しいと思う人たちもいる。究極の合理性という理想に向かっているとき、こうした行動は非難されるべきことだと合理性はいう。

究極の合理性という目標

多くの人々、とりわけ数学者、哲学者、科学者が、人間として私たちは完全に合理的になることを目指すべきだと考えている。そして、合理的でないやり方を発見したら、究極の合理性という目標へ近づくために、それを取り除き、打開すべきだと考える。これにはふたつの側面がある。

(1) 私たちは完全に合理的**である**（つまり、合理的に振る舞い、合理的に考える）べきだ。
(2) 私たちはすべてのことを完全に合理的に**理解**できるはずだ。

それが何を意味しているのか明らかにするために、ちょっとした論理学に目を向けてみよう。

論理の背後にあるもの

大学生の論理学の試験に、標準的な問題として、なぜ民主主義が機能しないか論理を使って証明を試みよ、というのがある。これは、すでに述べた、投票制度は公正ではありえないことを証明するアローの定理とは異なる。今度は、民主主義が政策決定システムとして機能しないことを証明することにしよう。

出発点とする基本的仮定は、民主主義ではみんなが**合理的**だという仮定である。これは､人々の信念の見地から定義されている。つまり、人々の信念はある程度良識があるはずだとするのである。

もっと厳密にいうと（それこそが数学者がすることだ)、どの人の信念も「無矛盾」で「演繹的に閉じている」とする。それはどういうことだろう？

信念集合が矛盾を含まないとき、**無矛盾**といわれる。まず第一に、それは何かが真と偽の両方であることを信じないことを意味する。たとえば､「私は賢く、私は賢くない」は明らかに矛盾している。しかしさらに、矛盾を**引き起こす**ことも信じない。たとえば、次のことを信じているとする。

(A) すべての数学者は賢い。
(B) 私は数学者である。
(C) 私は賢くない。

これは矛盾を引き起こす。AとBが一緒になって私が賢いことを含意するが、それはCと矛盾するからである。

あなたの信念から論理的に演繹できるものがあなたの信念のひとつでもあるなら、あなたの信念集合は閉じているといわれる。たとえば次のことを信じているとする。

(A) すべての数学者は賢い。
(B) 私は数学者である。

すると、次のことも信じなくてはならない。

(C) 私は賢い。

ところで、この試験問題は基本的に、あらゆる信念に関する投票があり、政府は多数派がそれぞれの信念に基づいて、考えていることに従い、行動すると仮定する。では、「多数派が信じること」の集合に注目しよう（必ずしも毎回多数派が同じとはかぎらない）。これは演繹的に閉じているか、無矛盾か？　厄介なことに、これはどちらでもない。

この問題を形式に従って書くと次のようになる。

個人の有限な空でない集合 I の各要素の信念は、命題式の無矛盾で演繹的に閉じた集合 S_i で表される。次の集合が、無矛盾で演繹的に閉じていることを証明しなさい。

$\{t \mid I$ のすべての要素は t を信じる$\}$

次の集合は演繹的に閉じているか、無矛盾か？

$\{t \mid I$ の過半数の要素は t を信じる$\}$

形式に従って書こうが書くまいが、いずれにしても少し抽象的なので、例で話そう。次の３つの信念を使うことにする。

（A）大学教育は無料にするべきだ。
（B）すべての人に大学へ行く機会が与えられるべきだ。
（C）大学への支出を増やすべきだ。

これらの３つの意見のどれに賛成するか、しばらく考えてほしい。大学が無料であるべきで、すべての人に大学へ行く機会が与えられるべきだと考えるなら、大学への支出を増やさなければならないということに、あなたは賛成するだろう。つまり、ＡとＢが一緒になってＣを含意している（大学がずっと悪くなってもよいと思わないかぎり）。

いま、この民主主義制度において全員で３人いるとする ── これでもすでに問題が生じるかもしれない。この３人は次のように信じているとしよう。

＊人物1は3つのことをすべて信じている。
＊人物2は大学は無料にするべきだが、大学への支出を増やすべきではないと思っている（そうすると、必ずしもすべての人が大学へ行けなくなる）。
＊人物3は、すべての人が大学へ行けるようにすべきだが、大学への支出を増やすべきではないと思っている（そうすると、大学教育はもう無料にはできない）。

では、多数派が何と考えるか調べてみよう。この場合、「多数派」は少なくともふたりの人物を意味する。

＊ふたりが大学は無料にするべきだと思っている。
＊ふたりがすべての人に大学へ行く機会が与えられるべきだと思っている。
＊ふたりが教育への支出を増やすべきではないと思っている。

次に、これら多数派の信念に基づいて政策決定を試みる。大変だ。大学への支出を増やさずに、大学を無料ですべての人に開かれたものにするよう期待されているのだ。この場合の多数派の信念は、無矛盾でも演繹的に閉じてもいない。やれやれ。

人生は難しい

率直にいって人生は難しい。そして、このコンテキストで「完全に合理的な人」という考えは馬鹿げている。
要するに、合理的な思考は人生が私たちに投げかけるすべてのものに対処できるほどよいものではないというだけのことである。次の理由から、人生において合理性はいざというときに役に立たない。

* 時間がかかりすぎる
* 几帳面すぎる
* 柔軟性がなさすぎる
* 弱すぎる
* 強力すぎる
* 出発点がない

そして、だから、不合理性（つまり「論理が及ばないこと」）と非論理性は、それが適切に使われたときには人間の弱みではなく人間の**強み**になるのである。

論理は時間がかかりすぎる

人生において、何かを決定するのにいつも論理的な思考プロセスを経る時間があるわけではない。緊急事態にはそんなことをしている暇はなく、その場合、重要なことは、どんな犠牲を払ってでも正確な決定をすることではなく、早く決定することである。近づいてくるトラックにつぶされてしまったのでは、正しくても意味はない。

キャッチボールのやり方をどうやって覚えるだろう？　どうやって正しい旋律で歌うだろう（正しい旋律で歌うとすればだが）？　どちらの背後にも数学があるが、ボールをキャッチしたり歌ったりしているときに軌道や声帯の緊張度を計算する時間はない。

このスピードの問題が、私たちが反射行動をする理由である。私たちには組み込まれた反射行動があるが、「ありがとう」といわれれば自動的にいつも「どういたしまして」ということを学習するように、まだほとんど眠っていてもちゃんと歩いて講義に行くのを覚えるように、反射行動を訓練することができる。

論理は几帳面すぎる

論理的な思考は、論理的な推論を一歩一歩静かに進んでいく。これは遅いだけでなく退屈である。恐る恐る小さく安全な歩みをして、未知の領域に入らない。「だるまさんがころんだ」というゲームをおぼえているだろうか。ひとりが前に立って背を向ける。ほかのみんなはある程度離れて立ち、一番に前に出ようとする。しかし、前の鬼はいつでも振り返ることができ、動いたのを鬼に見られた人は最初の位置に戻される。私がこのゲームについて記憶しているのは、注意深すぎるため決して勝てなかったことだ。勝つ人は、私のようにとても小さな歩幅ではなく、大またに歩く大胆な人たちだった。

人生における大きな飛躍は、インスピレーションのひらめきである。それは論理とは何の関係もない。それは数学でも、人生のほかの創造的な部分でも起こる。歴史上の偉大な天才は、インスピレーションの大きな飛躍をした人の場合が多い。ここで、数学におけるインスピレーションは、数学に関して何か論理的でないことがあるという意味ではない。やはり自分が真だと考えることを論理を使って証明しなければならないが、最初にインスピレーションのひらめきが、何を真かもしれないと思うかについてのアイデアを与えてくれるのである。

それは橋を築くのに似ている。川に橋を架けるのは難しいが、誰かほかの人が架けた橋を渡るのは簡単である。そして、橋を築こうとしているときに飛ぶことができたら大いに助かる。

論理は柔軟性がなさすぎる

柔軟でどちらかというと無秩序なことが多い世の中のことを考えると、論理は柔軟性がなさすぎる。論理は融通がきかず、無秩序さに対処することができない。

私たちが言語を使う様子はどうか。私たちは単語をものに割り当て、基本的に音と概念のランダムな関連づけをする。擬音を別にすれば、それの根底に論理はない。単語の語源に何か意味があるかもしれないが、言葉の歴史のどこかに、すべての始まりであるランダムな関係づけがある。そしてそれができるのは、私たちの脳がランダムに関係づける能力をもっているからである。これは論理とは関係ない。

論理は弱すぎる

論理が役に立たないもうひとつのシチュエーションが、十分な情報がないときである。論理の素晴らしいところは、それが想像力と当て推量の使用を排除することである。人生には、完全に論理的な決定ができるほど十分な情報がない場合が非常にたくさんある。もしかしたら、予測できない要素、ランダムなこと、私たちに検知できないこと、たんに私たちが知らないだけのことがあるかもしれないし、解明する時間や手段が得られないかもしれない。

このように論理的な決定ができないときは、どうすればいいのだろう。それでも私たちはさまざまなことをしている。確率について考えてみるといい。たとえば医者に手術の99％は成功するといわれて、それでためらわずに手術をする。

私たちは直感で進むことができる。この路地は暗くてなんとなく気に入らないからと、別の道を行く。推測ができる。たとえば宝くじの番号を選ぶように。そこに論理はないが、それで大金持ちになる人もいる。成り行きに身を任せ、サイコロで決めることもある。

意思決定が難しいのは議論の余地がない。もっと情報を集めようとしても、どこかで情報（あるいは時間）が尽き、きっと途中で論理ではそれ以上進めなくなくなる。論理が弱すぎるのである。ここで私は、だから本当は合理性に反する不合理な決定をしなければならないといっているのではなく、論理の及ばない決定をしなければならなくなるといっているのである。おそらく、純粋に論理的なことなら、それはまったく決定とはみなされないだろう。

論理は強力すぎる

論理は弱すぎるという事実のほかに、強力すぎるという事実もある。論理を真面目にとりすぎると、その情け容赦のない残忍な力が私たちを窮地に陥れる。

たとえば次のような例がある。

夜、コップ1杯のビールを飲んでもいい。

x 杯のビールを飲んでもいいのなら、x 杯と1ミリリットル飲んでもいい。

それなら、夜、何杯飲んでもいい。

最初のふたつの文はそれだけでは正当に思えるが、最後の文は明らかに馬鹿げている。そしてそれでも、これは先のふたつから論理的に導かれる。合理的（閉じて無矛盾）であるためには、夜、何杯飲んでもいい（まったく合理的には思えない）と考えるべきなのか、少しでもビールを飲むのはよくないと考えるべきなのか、どっちだろう。

ここで問題なのは、紙一重の線、変動する尺度、あるいは黒と白の間のグレーゾーンの微妙さである。どういうわけか私たちは頭の中で、論理ができないようなやり方で変動する尺度を扱うことができる。この場合、論理の力は墓穴を掘るもととなる。それは私に、フジイのパラドックスを思い出させる。

フジイのパラドックス

私はこのパラドックスの名前を、最初にそれに注目するきっかけとなったフジイという日本人ボンドトレーダーにちなんでつけた。これはよい例だが、本人はパラドックスがあることなど気づいていたとは思えない。

それは、私が数学は簡単だが債券取引は難しいということを悟る前の、暗黒時代のことだった。私がゴールドマンサックス証券で先物取引をしていたとき、このフジイという男性がやってきて私たちに日本の市場について話した。当時、日本の金利はすでに世界最低だったが、まだ下がってさらには0になるのではないかと誰もが思っていた。フジイの説は、金利は決して本当にゼロになることはない、なぜならそのときもっと下がることはないとみんなが知るから、というものだった。マイナス金利はありえないからだ。

じつをいうと、日本の金利は4分の1ポイント区切りで変わり、日本銀行はその倍数で金利を変えるしかない。私は内心思った。フジイの説が正しければ、金利は0.25%にも設定されないだろう。そのときはみんな、0にもなりえないのだからもう下がることはないと知っているからだ。ああ、だが、そしたら0.5%にもなりえない。0.75%にも、1%にも……　ということは、どのパーセンテージにもなりえない。すると、日本は金利を設定できないことになる。

これは明らかに正しくない。日本は金利を設定していたし今でもしている。では、何が間違っていたのだろう（2年ほどのちに実際に日本の金利は本当にマイナスになったのだが、それにはまた別の信じがたい話がある）。

予期しない絞首刑

フジイのパラドックスはじつは「予期しない絞首刑」のパラドック

スの変形である。

囚人が、今週のいつか、彼がそれを予期していない日に絞首刑にされると告げられる。すると、彼はひそかに考える。まあ、日曜日ではないな。日曜日までに絞首刑になっていなかったら、俺は日曜のはずだと知っているのだから。ということは、遅くとも土曜日までのはずだ。だが、土曜日ではありえない。金曜日までに絞首刑になっていなくて、日曜日はもう除外されているのなら、土曜日だと知っていて、俺はそれを予期しているのだから。だから、土曜日ではありえなくて、同じような理屈で金曜日でも……木曜日でも……水曜日でも……火曜日でも……月曜日でもありえない。つまり俺は絞首刑にならないんだ！

すると月曜日に彼は絞首刑になり、彼はそれをまったく予期していなかった。

自分の論理のどこが間違っていたのか頭を絞りながらつるされる彼が、どんなに腹を立てていたか、想像することしかできない。

論理には出発点がない

私が論理について最後に告発するのは、それが出発点をもっていないことである。何かを盲目的に受け入れなければ、まったくどこにもたどり着けない。無から何かを証明することはできない。無から何かを演繹することはできない。レゴのブロックがひとつもなければ、レゴの作品を組み立てることはできない。世の中、無償で手に入るものなどないのである。ルイス・キャロルのパラドックスについて述べたが、それは少なくとも推論の**モーダスポネンス**のルールは盲目的に受け入れなければならないことを示している。そうしなければ、私たちは何かをほかのものから推論することができない。しかし、何かをほかのものから推論するためには、出発点となるものをもっていなくてはならない（そうはいっても、私は人々と多くの議論をしてきたが、大多数は数学者で、彼らは正当とする理由なしに信じているものはまったくないと主張する)。

これは私には、究極の合理性をもつ人物の考えとしては明白かつ直接的な欠陥に思える。しかし、だからといって私たちがただちに完全にあきらめなければならないことになるだろうか。

重要なことは、ある程度の合理性の余地がまだいくらかあるということである。例を挙げよう。

＊合理的な人は地球は丸いと信じているとされている。
＊合理的な人は１＋１＝２だと信じているとされている。
＊合理的な人は幽霊の存在を信じているとされていない。
＊合理的な人は霊能力の存在を信じているとされていない。
＊合理的な人は神の存在を信じているとされているか？

この「されている」はどこから生じたのだろう？　それは社会に由来する。地球が丸いと信じることはずっと規範だったわけではない。そして、神の存在を信じることが合理的な規範である社会もあれば、そうでない社会もある。つまり、じつは合理性は**社会学的**な概念なのである。それでも、あなたの基本的信念がすべて、社会によって「信じるのが合理的なこと」として受け入れられている基本的信念に由来するかぎり、いちおうあなたは合理的だとみなすことができる。あなたの基本的信念が「月は軟らかいグリーンチーズでできている」とか「逆さにぶら下がって眠ると肘によい」、あるいは「できるだけ多くの人間を殺さねばならない」だったら、すぐに誰かがやってきてあなたを連れていくだろう。

しかしそれでも私は、自分が正当性を主張していることが結局信じることであり、それを信じるのは「私が信じるからだ」と明言すると怒り出す人々（おもに哲学者）と議論してきた。合理的な人間はそんなことはしないと考えられているのだろうか。

さて、私は、何が仮定されているか知っているのはよいことだと信じている。繰り返そう。私は、何が仮定されているか知っているのはよいことだと**信じて**いる。それがあなたの信念の木の根元にあるさまざまなことだろうが、たとえば神だろうが。

何が仮定されているか知ることが数学という学問の重要な部分であることは確かで、数学を簡単にすることの重要な要素でもある。誰でも自分の基本的仮定が何か非常に明確に述べなければならない。私は、正当とする理由なしに何かを信じても悪いとは思わない。それはあなたの公理で、それからほかのすべてのものが生じる。たとえば、私は愛の存在を信じるが、それを正当とする根拠はない。重要なのは、それが自分の公理のひとつであることを自覚し、それに論理で到達したふりをしないことである。

数学は人生ではない

したがって数学は簡単で人生は難しく、このため数学は人生ではない。

これは、信念の最初の前提が何か考え続けることにより「もっともっと合理的に」なろうとするべきだという意味でも、数学の範囲を拡大してできるだけ多くを含めようとしてはいけないという意味でもない。数学でするのは、「正確に何が簡単か明らかにするプロセスと、できるだけ多くのことを簡単にするプロセス」である。

しかし、数学で包含できないことの存在、不合理なことや論理の及ばないこと、あるいは非論理的なことの存在をけしからぬと思ってはいけない。そうしたものがなくては、言語も、意思の伝達も、詩も、芸術も、楽しみもないのだから。

第 2 部
圏論

第９章　圏論とは何か

人々が取引をし始める前は、数学はたいして必要とされていなかった。数でできる比較的複雑なことはもちろん、数自体さえ必要なかった。借金をする可能性について考えたことがないなら、負の数はあまり意味をなさない。

子どもたちは、生まれてすぐの頃はあまり数を必要としない。子どもに故意に数を教えれば、彼らは１〜２歳で数を覚えるが、その概念を積極的に教えなかったらいつ数を覚えるのか私にはよくわからない。多くの子どもが５歳で小学校に入学し、「数の詩」を暗誦できるが、それを使って何かを数えることはできない。大人の毎日の生活では、たとえスーパーマーケットでの価格以外に何もないとしても数なしで過ごすのは難しいが、小さな子どもは数がなくてもうまくやっていける。

同様に、数学は何千年もの間、圏論なしでうまくやってこれたが、今、毎日の数学生活では、それを避けるのは難しい――少なくとも**純粋**数学では。

「純粋数学」と「応用数学」の区別はあまり正しくなく、少なくとも両者が出合うグレーゾーンはかなりあいまいで非常に広い。しかし、大まかにいえば、応用数学のほうが普通の生活に少し近い。応用数学はどちらかというと、太陽、パイプを流れる水、交通の流れのような生活にある現実のことをモデル化していることが多い。つまり、実生活の物事の背後にある理論とみなすことができる。

純粋数学はもう一段階抽象的であり、応用数学の背後にある理論である。単純化した説明であるが、今のところ、それで差し支えないだろう。

またもやレゴ

純粋レゴと応用レゴの違い

あなたは、基本的なレゴブロックを使って途方もない大彫刻を作る方に興味があるだろうか。それとも、複雑にデザインされた小さな部品をすべて買って、機械、あるいは動くロボット、トレインセット、宇宙船を作る方に興味があるだろうか。たとえ自分でレゴを組み立てなくても、どちらのほうが魅力的だと思うだろう —— 基本的な 2 × 4 ピースだけで作ったレゴのエッフェル塔だろうか、それとも複雑なハイテク部品から作られた関節のある素晴らしいロボットだろうか。特別な部品を使う方が手っ取り早く、より写実的なものができる。たとえば、がたがた揺れる角ばった車輪ではなく、タイヤのある本物の車輪を使うことができる。しかし、基本ピースから建物や町全体を組み立てることには、大きな満足感が得られる感動的なところがある。それをするのに必要な創造性と独創性は素晴らしい。

純粋数学は、基本的なレゴブロックだけを使ってすべてのものを最初から作るのに似ている。応用数学は特殊な部品を使うのに似ている。応用数学は実生活をより綿密にモデル化するが、その核心には純粋数学があって、それはちょうど、車輪の部品を手に入れたからといって「純粋な」レゴの組み立てテクニックから逃れることができないのとよく似ている。

位相幾何学は純粋数学のひとつで、曲面のようなものの形を研究する。位相幾何学では、壊したりくっつけ合わせたりせずに、ある形をほかの形へ変えられるかどうか研究することはすでに述べたが、切ったりくっつけたりするときに何が起こるか、そしてより単純なものからもっと複雑な形をどうやったら作ることができるかも研究する。それは実際、レゴに非常によく似ている。

　位相幾何学は、量子力学で素粒子の振る舞いのモデルを構築するのに使われるようになった。これは「トポロジー的場の量子論」と呼ばれ、おそらく応用数学と理論物理学の間のグレーゾーンのどこかにある。応用位相幾何学の比較的大きな部分が宇宙論に含まれ、そこでは時空の形が研究されている。

　適用される規模がさらに大きくなり、位相幾何学は *DNA* の結び目の研究や、ロボットアームの稼動経路の設定で使われている。つまり生物学や工学でも使われているのである。

　純粋さの程度がいろいろあるもうひとつの例が、微積分である。根本的に微積分は無限に小さなもの、あるいはジャンプするのではなく継続的に変化しているものを扱う。これは純粋数学の重要な領域である。純粋研究の領域として、それは量が滑らかに変化しているか、変化速度はどうか、といったことに注目する。

　それは、量**と**その変化率が同時に関与する方程式を解くのに役立つ。たとえば、何かが移動しているとき、その位置だけでなく、それにかかっている力とそれが進んでいる速度について知ることができる。この種の方程式は**微分方程式**と呼ばれ、それは純粋数学より応用数学のほうへ私たちを導いてくれる。これは引力や放射性崩壊、流体の流れといったことと関係がある。

　これらのことが具体的な現実世界のシチュエーションに適用されるとき、私たちは応用数学の領域から出て、工学や医学、さらには金融の領域へ入る。微分方程式はあらゆるところにきわめて広く応用されている数学分野であり、それは実生活のもののほとんどすべての測定値がそれぞれある速度で変動しているからである。

レゴのレゴ

それ自体から作ることが可能なとき

レゴブロックを作ろうとしたことがあるだろうか……それもレゴから。それは一種のメタ・レゴブロックである。レゴの電車やレゴの自動車、あるいはレゴの家ではなく、「レゴのレゴ」を作ったことがあるだろうか。私は、レゴブロックで作ったケーキ ── レゴのケーキ ── の写真を見たことがある。そして、ケーキで作ったレゴブロックを見たことがある。ケーキのレゴだ。そして必然的に、ケーキで作ったレゴブロックで作ったケーキ、つまりケーキのレゴのケーキがある。

圏論は数学の数学で、レゴのレゴのように一種の「メタ数学」である。数学が世の中のためにすることを何でも、圏論は数学のためにする。これは、圏論が論理と密接にかかわっていることを意味する。論理学は、数学をまとめている論法を研究する学問である。圏論は数学を支えている構造の研究である。

前章の終わりで、数学は「厳密に何が簡単か明らかにするプロセスと、できるだけ多くのことを簡単にするプロセス」ではないかと書いた。すると圏論は次のようになる。

> 数学の正確にどの部分が簡単か明らかにするプロセスと、数学のできるだけ多くの部分を簡単にするプロセス。

これを理解するためには、数学のコンテキストの中で「簡単」が何を意味するか知る必要がある。それがまさに問題の核心であり、本書のこの後半部分で詳しく調べていくことである。前半部分で、数学は抽象化をすることによって機能すること、物事の背後にある法則とプロセスを研究しようとすること、それらのものを公理化し一般化しようとすることを見てきた。

今度は、圏論も同じことをするが、もっぱら数学の世界の中でするということを見ていく。**数学的**なことを抽象化することで機能し、**数学**の背後にある法則とプロセスを研究しようとし、それらのものを公理化し一般化しようとするのである。

数学は、そういいたければ、体系化の法則である。圏論も体系化の法則で、ただ数学の世界の**中**で働くものである。それは数学を体系化する働きをする。ちょうど膨大な数のコレクションが集まるまで本の分類システムが必要ないように、圏論が発展した20世紀半ばまでは数学はこの種の体系化を必要としていなかった。物事を系統立てることは時間がかかり複雑なこともあるが、最終的には、より明確に考える助けとなるはずだというのがその考え方だった。

圏論は「圏（カテゴリー）」という数学的概念についての研究である。これは普通の生活からとられた言葉であるが、数学においては注意深く定められた別の意味をもつ。これら圏と呼ばれる数学的なものは、1940年代にサミュエル・アイレンベルグとソーンダース・マックレーンによって最初に導入された。彼らは、形や曲面をさらに厳密に調べるため代数的な手法を使う代数的位相幾何学を研究していた。もともとはこれはそうしたあらゆる形を、本書の前半で紹介し公理化した概念である**群**と関係づけていた。彼らは、これをしているときに頭をはっきりさせておくためには、群に少し似ているがさらに微妙なところがある、もっと強力で表現力に富む種類の代数が必要なことに気づいた。数学はそれ自体の体系化のシステムを必要とするほど巨大になっていた。数学はもっと平明に考える必要があった。だから圏論が生まれたのである。

このとき、素晴らしいことが起こった。ちょうど数学は数の研究として始まったが、その後、同じテクニックがほかのあらゆる種類のことに使えることに人々が気づいたように、圏論は位相幾何学の研究として始まったが、その後、数学者たちは同じテクニックが数学の広い範囲にわたって使えることを急速に理解していったのである。圏論は成長して、その「生みの親」が想像したより大きな影響力をもつようになった。

第 10 章　コンテキスト

ラザーニャ

【材料】

ミートソース
生ラザーニャシート
ベシャメルソース
すりおろしたパルメザンチーズ

【作り方】

1. 焼き皿の底にミートソースの層を広げる。それをラザーニャシートの層、それからミートソースの層でおおう。
2. もう 2 回繰り返し、最後にベシャメルソースでおおう。
3. 上にパルメザンチーズを振りかけ、180℃で 45 分、おいしそうになるまで焼く。

このレシピを見ると、「ラザーニャ ── 簡単だ」と思うかもしれない。あるいは「ベシャメルソース？　どうやって作るんだろう？」と思うかもしれない。このレシピはとてもシンプルだが、それは読む人がミートソースとベシャメルソースとパスタの作り方をすでに知っていると仮定しているからにすぎない。これがゼロから教えるレシピだったら、ぜんぜんシンプルではないだろう。材料の長いリストと何ステップもある手順になっていただろう。

レシピは、どんな作り手を狙っているのかによって非常に違ったものになる。経験を積んだプロ？　本気のアマチュア？　まだ基本の技術を学んでいる初心者？　圏論は、たんなる物事自体ではなく、私たちがその中で物事について考えている**コンテキスト**を重視する。それには、たった今、どんな細部に関心を持っているのか、そのシチュエーションではどの特徴が問題でどれが関係ないのか、何が基本的仮定とみなされるのか、さらに分類する必要があるのは何かといったことも含まれる。ベシャメルソースが「基本的」とみなされているラザーニャのレシピのように、5という数が基本的とみなされるシチュエーションもあれば、そうでないシチュエーションもある。自然数だけ(1、2、3、4、5、6……）のコンテキストでは、5という数は非常に特別な特徴をもっている。1と5でしか割り切れず、それはつまり素数だということである。しかし、有理数（分数）のコンテキストでは、どれでも割ることができる。たとえば5を10で割ると $\frac{1}{2}$ である。5を2で割ると $2\frac{1}{2}$ である。数の性質は、それが置かれたコンテキストによって変わるのである。

兄弟

家族について知ることにより、人をコンテキストの中に置く

最近、あるパーティで会った男性が、ほんの少し会話したのち、「兄弟がいますか？　きっといますね」と私にいった。私は「いいえ」と答え、なぜ兄弟がいるに違いないと思ったのか尋ねた。彼は「背が高くてハンサムな男性と話すのを怖がらないから」と答えた。

別のパーティで別の男性から「とても自立しているから、一人っ子に違いない」といわれたこともある。これも違っていたが、このことから映画「007 カジノ・ロワイヤル」の私の大好きな場面のひとつが気になりだした。ジェームズ・ボンドとヴェスパー・リンドが初めて出会い、列車の中で互いに舌鋒鋭いやりとりをする場面である。ボンドは冷たく、彼女は孤児に違いないと断言し、彼女も同じように冷たく「最初に孤児のことを思ったってことは、あなたこそ孤児でしょ」

と推測する。

じつは私は、私のことを一人っ子だと思った男性は彼自身が一人っ子ではないかと思い、ヴェスパー・リンドを気取って逆に彼に尋ねてみた。そして、それは当たっていた。

誰かと知り合いになるとき、相手の家族、子ども時代、出身地に関心をもつのは自然なことである。このような質問は退屈で無意味だと思う人もいるし、自分についてのこうした基本的な事実は自分が現在どんな人物かということについてあまり正確な印象を与えないと思うため、質問に腹を立てる人もいる。

しかし、これはみな、人を孤立した状態ではなく何らかの種類の**コンテキスト**の中で理解するプロセスの一部である。私たちを人間にしていることのひとつが、ほかの人との接し方である。有名な人物の自伝も、その人の家族、友人、親族関係についての記述が何も含まれていなかったら、あまり面白くないだろう。ほかの人間のコンテキストから離れた絶対的な性格描写はほとんど達成不可能である。

同じように、圏論は物事自体の絶対的な特徴ではなく、物事が調べられているコンテキストを重視しようとする。

それは、30の約数の「格子」でしたのとよく似ている。たんに約数を書き並べても、約数が互いにどう関係しあっているか示す図を描くのに比べて、ぜんぜん面白くないのである。

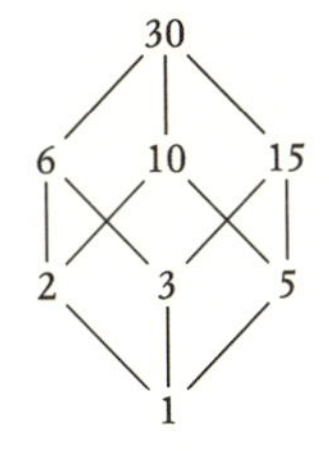

これは、約数を**コンテキスト**に入れるひとつの方法で、次章で、物事の間の関係をさぐるのがそのよい方法であることを見ていく。

最大公約数と最小公倍数が何かおぼえているなら、先の図に、同じ列の数とそれにつながる上下の列の数を関係づけるあるパターンが存在するのがわかるだろう。

数学者

何をしているか知ることにより、人をコンテキストの中に置く

あるパーティに行ったとき、ひとつ実験をしてみることにした。誰にも私の仕事が何かいわないことにしたのである。人に自分が数学者であるというと、あらゆる種類の奇妙な反応が起こる。怖がってさっさと身を引く人もいれば、すぐに自分がいかに「知的」か証明しようとし始める人もいる。さらには、すぐに私をけなそうとし始める人もいる。ある男性は、「でも、そのあと何をするつもり？」と応じた。もちろん私は死ぬまで数学者でいたいと答えた。

その馬鹿げた会話は次のように進んだ。

彼：じゃ、仕事につけないだろ。
私：じつはもう仕事についているの。
彼：でも、終身雇用の仕事は無理だろ。
私：じつはもう終身雇用の仕事についているの。
彼：何？ 学校か何か？
私：大学の講師。

別の男性は私が数学者だと知って、本当かどうか尋問を開始した。

彼：つまり、銀行で働いているということ？
私：いいえ、大学で働いているの。

彼：授業だけ？
私：授業と研究をしてます。
彼：博士号をもっているの？
私：はい。
彼：どこで取得したの？
私：ケンブリッジ。
彼：ああ、イギリスで博士号を取るのはとても簡単で、あまり価値がないんだ。

私はヴェスパー・リンドと交信して、この男性は数学者になりそこねたに違いないと推測した。結局、彼はフランスで博士課程に進めなかったので、代わりに銀行で働くようになったことがわかった。最初の男性は、数学の教師であることが判明した。学校の。

別のときには、「つまり『圏論の基礎』のようなの？」と口にした人がいた。たまたま、当時、私は圏論を勉強し始めたところで、圏論の創始者のひとりであるソーンダース・マックレーンが書いたこのきわめて重要な本をぜひとも手に入れたいと思っていた。しかし絶版で、どこにも見つけることができないでいた。この男性はたまたま1冊もっていて、何年か前、学生だったときに使ったことがあったが、もう数学をしていないので、その本を私に送ってくれると約束してくれた。

このようにコンテキストの中に身を置くのもときにはいいことがあると報告できて、幸いである。

> 数学的対象がいくつもの機能をもっていて、そのひとつがほかのものより中身がよくわかるコンテキストを与えてくれることがある。これはちょうど、ひとりの人がふたつの仕事をもっていて、一方のほうが他方より人物についてより多くのことを教えてくれるようなものである。たとえば事務所の所長でもありサルサの先生でもあるような場合だ。

数学の場合の例を示そう。1という数は、その「仕事」から乗法的単位元とみなすことができる。つまり、別の数に1を掛けても何も起こらない。しかしこれは、扱っている数の種類に関係なく成り立つことなので、どんなコンテキストについて考えているのかあまり教えてくれない。

1という数はもうひとつ「仕事」をもっていて、それ自体に加え続けていくと、1、2、3、4、5……という**すべての**自然数を得ることができる。数学的な言葉でいうと、1は自然数を**生成する**という。この仕事は、自然数のコンテキストとの結びつきが非常に強い。

オンラインデート

異なるコンテキストで見ることにより人を理解する

新しい相手とつきあうようになったとき、その友だちと初めて会うのはつねに──その人たちをすでに知っているのでないかぎり──重大な瞬間である。オンラインデートの普及で、これはさらに大きな問題になりつつある。オンラインで出会うのは、完全にコンテキストを離れて出会うのと似ている。お互いの友人、あるいは共通の興味や経験を通して出会うのとは違う。これは仕事で会う人についてもいえることで、彼らに仕事を離れて友人のコンテキストで初めて会うときは特別な瞬間になる。

人はコンテキストが違えばまったく違うことがわかる場合がある。仕事では無口だが仕事を離れると打ち解けて話すといったちょっとした違いだとしても、仕事のときと仕事外のときで人が異なるのはよくあることだ。私は仕事についてから大半の期間、職場では本来の私ではなかった。それは、極端に男性優位の環境で自分が女性であるという事実に注意を引きすぎることを恐れていたからである。女性だから数学者としてよくないと非難されるのを避けるため、できるだけ非女性的であろうとした。

しかし人は、違う友人グループの中にいればまったく違った人間にもなれる。**つきあいの長さ**からその人と友人でいる場合もある。一緒に育ち、たとえもう表面的には共通するものがあまりなくても、その長い共通の経験がふたりをつないでいる。結局のところ、人生も人も変わっていくのである。

近いことが理由で友だちになる人もいる。日常生活でたまたま周囲にいる人である。職場で毎日会う人かもしれないし、近所の人かもしれない。ジム、サルサ教室、あるいはブッククラブで会う人かもしれない。子ども同士が友だちだったり、毎日同じバスで通勤している人かもしれない。私は電車で何人も友だちができた。

しかし、**類似性**から友だちになる人もいる。その人と何か共通点があり、それは状況のような付随的なことではなく人格の深いところにある何かである。私の場合、決して同じ都市、国、あるいは場合によっては半球に住んだことがないという事実があるにもかかわらず、世界中の多くの圏論学者と深い交友関係を結んでいる。

いずれにしても、私がいいたいのは、一緒にいる友人のタイプが違えば、きっと振る舞いも違うということである。違うことについて話し、違うやり方で議論し、違うタイプの場所で会うだろう。では、どれが「本当」の自分だろう。家族と一緒にいる自分だろうか。それでも、多くの人が家族と一緒だと小さな子どものようになり、昔の欲求不満をさらけだし、ときには成長期にもっていた役割に逆戻りすることもある。そうした役割から抜け出すのは難しい。

それとも、「類似性」からの友人と一緒にいるときが本当の自分だろうか。酔っ払って、しらふならきっと口にしないことをいうとき、それは本当の自分に近いのか遠いのかという疑問に似ている。いっていることは普段より正直なのだろうか、それとも普段と違っているだけなのだろうか。

圏論はどちらが「より本当」かという問いには答えようとしない。

5という数について整数のコンテキストと分数のコンテキストで調べることはするが、どちらが「本当に」5という数なのかについての判断はしない。

* 自然数（1、2、3、4、……）のコンテキストでは5は素数、つまり1とそれ自身でしか割り切れない（そして1ではない）。そして、加法的逆元や乗法的逆元をもたない。
* 整数（……、－3、－2、－1、0、1、2、3、……）のコンテキストでは、5は今度は加法的逆元をもち、それは－5である。つまり、5と－5を足すと0という加法的単位元になる。しかし、5は乗法的逆元をもたない。
* 有理数（分数）のコンテキストでは、5は乗法的逆元をもち、それは$\frac{1}{5}$である。つまり、5と$\frac{1}{5}$を掛け合わせると、1という乗法的単位元になる。そして、さまざまなもので割ることができるため、5はもはや素数ではない。たとえば5は$\frac{1}{2}$で割ることができる。
* 6時間時計（「モジュロ6」）での算術のコンテキストでは、じつは5はこの数体系の生成元である。これはつまり、5をそれ自身に繰り返し足していくと、最終的にこの体系のすべての数が得られるということである。この体系では数が0、1、2、3、4、5だけで、6になるたびに0とみなすことを忘れないようにして、試してみるとよい。すると、5＋5＝10でこれは4と同じである。4＋5＝9でこれは3と同じである。続けて繰り返し5を足していくと、次に2、それから1、そして0が得られ、5が本当にすべての数を生成することがわかる。これに対し、5は絶対にすべての自然数を生成しない。なぜなら5をそれ自身に足し続けると、5、10、15、……となって5の倍数が得られるだけだからである。

したがって、どのコンテキストにいるかによって、5という数が異なる性質をもつことがわかる。圏論は、そのときに考えているコンテキストを際立たせて、その重要性を強調し、それを意識させようとする。そして、次章で見ていくように、物事の固有の特徴ではなく関係を重視することによってそれをする。見てきたように、5という数のような単純なものでさえ、「固有の特徴」は結局のところそれほど固有ではないのである。

　ほかにどの数が6時間時計の生成元だろうかとあなたは思っているかもしれない。もちろん1がそうだが、2を繰り返し足してみると2、4、0、2、4、0……となり、奇数がひとつもできない。
　3の場合は

3、0、3、0、3、0……

4の場合は

4、2、0、4、2、0……

となるため、3と4はどちらも生成元ではない。このように、生成元であるということはかなり特殊な特性なのである。

アーセナル

あるコンテキストでのほうがほかのコンテキストの場合より面白いとき

　人はしばしばコンテキストのせいでまったく違って見える。たとえば指揮者は想像していたよりずっと背が低かったということがよくあり、それは立っているところしか見たことがなく、おまけに指揮台の上だし、非常に大きな権威をもつ立場にあるからである。学生は私が想像していたよりずっと背が高かったということがよくあり、それは学生を見るときはたいてい彼らが座っていて私が立っており、権威をもつ立場にあるのは私だからである。

あるときロンドンのバーにいたら、アーセナル［イギリスのプロサッカーチーム］が入ってきた。チームのみんなと関係者がそろっていた。私はそこに座って、ときどきバーでするように、数学をしていた。それは、私が人々に取り囲まれているのが好きで、楽しんでいる人々に取り囲まれている感じが好きだからである。

とにかく、私はそのバーでペンと黒いノートをもって座り、ノートに有りとあらゆる考えを書いていたのだが、そこへこのサッカーシャツを着た大集団がやってきたのである。どちらかというとサッカー音痴の私はそのシャツの意味するところがわからなかったが、若くひょろりとした、ちょっと不器用そうな、主に地中海地方の若者が、明らかに彼らの世話人らしい何人かの年上の男性と一緒に列をなしてやってくるのを眺めた。若い方は部屋に直行し、年上の男性たちがバーに入ってきて、私は思った。「ああ、きっとヨーロッパから来ているユースのサッカーチームか何かね。こんなしゃれたホテルに滞在できるなんて幸運よね」と。

そのことについてはあまり考えず、数学を続けていたら、ひとりがやってきて私に話しかけた。

「あなたがしているのは化学？」と尋ねて、私のノートをのぞき込んだのである。私は自分が数学者であることを説明し、気づいたらシャツにアーセナルと書いてあるのが私にも読めるほど彼は近くにいた。

ここであなたは、この時点で目と鼻の先にいるのがアーセナルであることに気づかなかったなんてちょっと鈍いんじゃないかと思うかもしれないが、何といっても、誰かがデイヴィッド・ベッカムのシャツを着て歩きまわっても、それがデイヴィッド・ベッカムだということにはならない。そこで私は不朽の名言を口走った。「えーと、あなた、･･･チームか何かの人？」

「ああ、アーセナルっていうんだ」その男性は親切に答えた。そしてそれから、「プレミアリーグのサッカーチームだよ」と付け加えた。

私は突然、部屋へ行く階段を従順そうに上がっていったあのひょろりとした若者たちのことを思い返した。彼らはみんな大金持ちで有名人なのだ！　彼らはまさにコンテキストの外にいたのである。

数学では、あるコンテキストではかなりつまらないが、別のコンテキストでは非常に面白い概念もある。よい例がメビウスの帯で、これは１枚の帯状の紙の両端をつないで作るが、次のような普通の円筒ではなく、

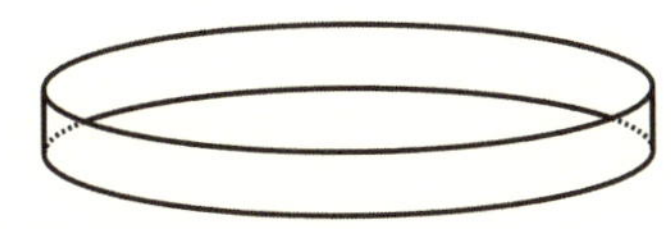

紙をひねってから端を貼り合せる。

これが非常に面白い曲面なのは、**片側しかない**からである。メビウスの帯をひとつ作ってみて、一方の側に色を塗ってみるとよい。すると、ぐるりと一周し、さらに進み続けると、再び一周して最初のところに戻ってきて、両「側」に色を塗ったように見えるが、紙からペンを一度も離さずにそれができるのである。これは非常に面白い。ベーグルを切って作り、その上にクリームチーズを塗ってみるともっと面白い。そうすると、一方の側だけにクリームチーズを塗ろうとしても、結局は両方の「側」をおおってしまうことがわかるだろう。それは、じつはひとつの側しかないからである。

しかし、位相幾何学（プレイドウ）的な見地からいえば、メビウスの帯は円と「同じ」でそれほど面白くはない。プラスティシンかプレイドウの普通の円（環形）から始めても、それをひねるだけで、新たに穴を開けたりどこかを互いにくっつけたりしなくても、メビウスの

帯を作ることができる。円にそって少しずつ進みながらプレイドウを平らにしていき、進むにつれてその平らにする作業をひねっていく(これを想像するのは少し難しいので、やってみる必要があるかもしれない。手元にプレイドウがない場合は、およそ同量の小麦粉と水から基本的な練り粉(ドウ)を作ればよい。メビウスの帯は位相幾何学の面白い**ツール**であるが、それだけでは面白くないことがわかる。

専門的にはこれを述べるため、コンテキストごとに異なる最適な同一の概念が使われる。位相幾何学に導入された同一の概念はプレイドウのタイプで、**ホモトピー同値**といわれる。つまり、専門用語でいうと、メビウスの帯は円とホモトピー同値である。これは役に立つが、不満が残る。というのは、メビウスの帯はただの円に比べるとずっと面白いからである。

それを表現できる方法のひとつに、「ベクトル束」と呼ばれるもっと高度な数学的構造がある。前に空中に描ける魔法のペンを想像したときのことをおぼえているだろうか。その後、太いペンも発明されたとしたら、と想像してほしい。ペン先自体の形は直線なので、紙の上に幅広の線を引くことができるようなペンである。そんなペンで、空中に線を引くことができるものがあるとする。空中にちゃんとした曲面を描くことができるものである。驚くようなことになるだろう。軌跡が残ることを除けば、ライトセーバー[『スター・ウォーズ』シリーズでジェダイやシスが用いる武器(光の剣)]を振り回すのに似ている。

今、ライトセーバーで空中に円を描いたとすると、できる曲面が「円周上のベクトル束」である。これは、円の各点について完全なベクトル、すなわちその瞬間にライトセーバーによって与えられる直線があるとする考え方である。

重要なのは、空中に円を描いているときに、したければライトセーバーをひねることもできるということである。では、円形にぐるりと走って円を描いているとしよう。最初と最後でライトセーバーを垂直にもち、この厚みのある円の端が出合うようにする。ライトセーバーをずっとまっすぐ上に向けたままでいたら、空中に円筒形を描くことになる。しかし、ライトセーバーの先が空を指すようにしてスタートし、走っていくにつれてしだいに下げ、最後には床を指すようにしたらどうなるだろう[5]。その場合、メビウスの帯を描いたことになるが、それでもあなた自身は円形にぐるりと走っただけでそれを描いたのだ。このシチュエーションについて、**位相幾何学**はどちらも円形に走ったことにのみ注目し、その違いを区別することができない。しかし**ベクトル束**構造の場合は、同時にあなたが腕でどのようなひねりを加えていたかにも注目するため、違いを認めるのである。

ある数のことを考える

もっぱらほかのものとの関係に目を向けることによって、何かについてすべてを知ることのできる初歩的な例が、次のようなものである。

私はある数のことを考えている。その数に2を足せば8になる。その数は何か？

この答が6（私の一番好きな数だ）だと解くのはそれほど難しくはない。次の問題をやってみよう。

私はある数のことを考えている。
(1) それは正の数である。
(2) 8を引くと答は負になる。
(3) 3で割ると答は整数になる。
(4) 同じものを足すと答は2桁になる。
その数は何か？

5　ここで非常に重要なのは、ぐるりと走りながら手の高さを変えることである ── ライトセーバーの中央を同じ高さにとどめておかなければならない。中ほどを握れるように、ダース・モール（シスの暗黒卿）の両端に刃があるライトセーバーを使うのがいいかもしれない。

そう、答はやはり6だ。あまり独創的でないかな？　しかし、重要なのは独創性ではない。重要なのはいつものように主張を立証することだ。つまり、ほかのものとの関係を通して理解できることもあるということを証明したかったのである。私の一番好きな数が出てくるこの例は、説明のために作った能のない例である（これは、人々に数学は役に立たないと思わせかねない例である。しかし、「説明に役立つ」けれど何かに「役に立つ」ためにあるのではない例というものも存在するのである）。

この例で何をいいたかったかというと、圏論は関係を重要視するということで、おそらく関係のほうが物事の固有の性質を研究するより重要になる。

初歩的な例のひとつが数直線の考え方である。1、2、3……という数に関して重要なことは、それらがどう呼ばれるかではなく、どういう**順序**で並ぶかということである。その言葉（あるいは記号）がつねに同じ順序で並ぶかぎり、なんと呼ばれるかはまったく関係ない。したがって、数を次のように一直線に並べるのは道理にかなったことである。

…… -4　-3　-2　-1　0　1　2　3　4…

これが本当にしていることは、それらの間の関係を強調し、それぞれの位置に固定しておくことである。これを一般化するにはさまざまな方法がある。すべての実数（有理数と無理数）が許されるなら、1、2、3、……の間の空白がすべて埋まることになり、線は両方向に「永久に」続く。それを物理的に引くことはできないが、想像することはできる。

…… -4　-3　-2　-1　0　1　2　3　4…

では、第6章で導入した虚数について、$\sqrt{-1}$であるi、それからその倍数の$2i$、$3i$、$4i$……を使って考えてみよう。これらも直線上にあり、

a を任意の実数とすると ai を想像することができ、そうしたらこの直線の隙間を埋めることができる。しかし、この直線と実数の直線はまったく異なるため、混同してはいけない。そのため、水平ではなく垂直に引くことが多い。

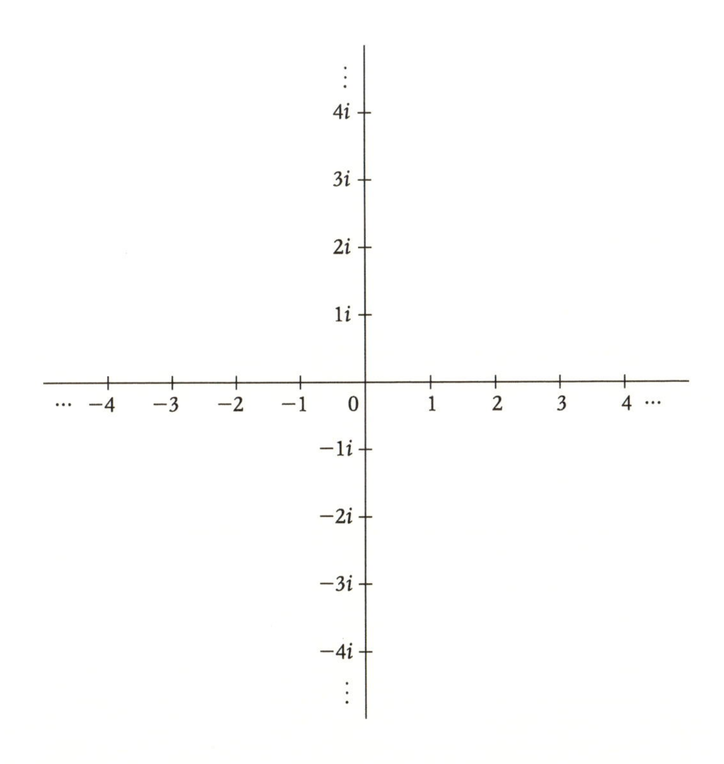

当然のことながら、あなたは今、このふたつの直線上以外の部分はどうなっているのだろうと不思議に思い始めているかもしれない。これは、**群**の公理に従って虚数を足したり掛けたりできるかという問いをしたときと同じ答になる。$2i + 3i = 5i$ のようになるから、足すのはよい。i はリンゴやサル、そのほかとよく似た振る舞いをするはずで、i を3個に i を2個加えると i が5個になるからである。

しかし、掛け算をしようとするとどうなるだろう？　$i \times i = -1$ になることはすでにわかっており、-1 は虚数**ではない**。このためひとつ問題がある。$2i \times 2i$ などはどうなるだろう？　掛け算の普通の法則が成り立つと仮定すると、次のようなことがいえるはずである。

$$\begin{aligned} 2i \times 2i &= 2 \times i \times 2 \times i \\ &= 2 \times 2 \times i \times i \\ &= 4 \times (-1) \\ &= -4 \end{aligned}$$

これを抽象的に書くと、a と b を任意の実数とすれば次のようになる。

$$ai \times bi = -ab$$

どんな場合も、虚数に虚数を掛けると必ず実数になる。これは、負の数に正の数を掛けても負のままだが、負の数と負の数を掛けると正になるというルールにちょっと似ている。同様に、虚数に実数を掛けても、やはり虚数である。これを表にまとめると次のようになる。

×	正	負
正	正	負
負	負	正

×	実数	虚数
実数	実数	虚数
虚数	虚数	実数

ここで、ひとつ問題 ── あるいはたんに面白いこと ── がある。足し算**と**掛け算を両方したかったら、実数と虚数を混在させざるをえなくなるのである。たとえば、次の計算をしたいとしよう。

$$2i \times 2i + 2i$$

$2i \times 2i = -4$ということはわかっているから、$2i \times 2i + 2i$はじつは$-4 + 2i$のはずである。これは何だろう。**複素数**ができたのである。それは実数を虚数と一緒に足し算してもよいとしたときに得られるものである。そしてこれが、先の実数の直線と虚数の直線のまわりにある「空間」を満たすものなのである。

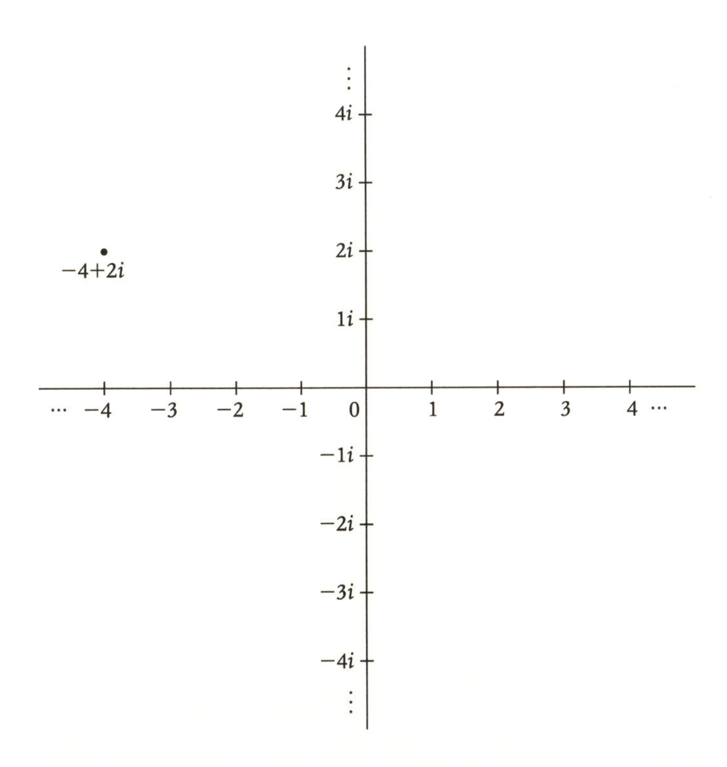

これはあらゆるものがx座標とy座標をもつ地図のようなもので、ただこの場合はすべてのものが「実」座標と「虚」座標をもっている。つまり、(x, y)という座標をもつ点は複素数$x + yi$である。これは少し抽象的に思えるかもしれない。それはいったい何なのだろう？それが何であれ、実数と同じように足し算と掛け算ができ、さらには、

実数係数の方程式が必ずしも実数の範囲内で解けるとは限らないが、いまや**あらゆる**二次方程式を解くことができるのである。次の方程式が解をもつことはすでにわかっている。

$$x^2 + 1 = 0$$

じつは解はiと$-i$のふたつがある。負の数を掛けるときの通常のルールにより、$-i \times -i = i \times i = -1$となるからである。つまり、ほかの(0以外の)あらゆる数と同様、-1もふたつの平方根(iと$-i$)をもつのである。

これで**あらゆる**二次方程式は解をもつ。たとえば、

$$x^2 - 2x + 2 = 0$$

という一見なんでもなさそうな方程式は、実数だけを使って解くことはできないが、**複素数**を使えば$1 + i$と$1 - i$というふたつの解が得られる。

複素数の掛け算のやり方について頭が混乱しなければだが、数を代入して計算してみるだけでよい。掛け算をして括弧を徐々にはずしていくだけである。$x = 1+i$でやってみよう。

$$(1+i)^2 - 2(1+i) + 2 = 1(1+i) + i(1+i) - 2 - 2i + 2$$

$$= 1 + i + i + (-1) - 2 - 2i + 2$$

$$= 0$$

iはすべて帳消しになり、実数もすべて相殺された。同じように$x = 1 - i$で試してみるとよい。

複素数はとても抽象的なものなので、それを理解するのは非常に難しいかもしれない。本当は想像したから存在するだけなのである。しかし、ある意味、それは真円や直線と違わない。これらのものはみな、私たちの頭の中だけにあり、厳密には「現実の」生活に存在しているわけではない。思い出してほしいのだが、数学では、想像できて矛盾を引き起こさなければ何でも存在するのである。この座標に実数とともに複素数を表すことにより、それらを有用なコンテキストに置くことができる。そうすることにより、それらを互いに関係づける考え方がわかり、現実の生活に存在**する**もの —— 二次元パターン —— に関係づけられて、この抽象的なものに意味を与えやすくなるのである。あとで説明するように、圏論も物事の関係を紙面に描けるパターンにする。

では、圏論では関心のあることの間の関係を選んでそれを強調するという方法をとることを見ていくことにする。さらには関係の概念を**一般化**することにより、一見したところあまり関係のようには見えないものも包含し、どんどん多くのシチュエーションを同じ思考方法を用いて研究できる。これが次章のテーマである。

第11章　関係

ポリッジ

【材料】

オート麦　1カップ
水　2カップ
塩　適量

【作り方】

1. すべての材料を鍋に入れ、沸騰させる。
2. 火を弱め、好みの煮加減になるまでかき混ぜる。

このレシピに対するあなたの最初の反応は、「1カップ？　カップの大きさは？」というものかもしれない。カップで計量するレシピはちょっと古風に思えるが、**すべて**をカップで量るかぎりカップの大きさは関係ないので、なかなか賢いやり方である。どの材料にも同じカップを使うだけでよいのである。

この種のレシピは、レシピ内のものの絶対的な量ではなく、その間の**関係**を重視する。これは圏論もやっていることである。対象とその特徴を独立させて調べるのではなく、それらをコンテキストの中に置く主な方法として、ほかの対象との関係を重視するのである。

等しいことが平等ではないとき

あなたはおもに数学のことを数と等式の観点から考えているかもしれない。これまでに数以外のさまざまな数学の対象について説明してきたが、今度は等式でもないものについて考えることにする。円が等しいとはいったいどういうことなのだろう。そして、曲面や球体の場合は？

物事の間のもっとも簡単な関係は等しいことである。しかし、数学でいう等しいは、普通の言葉の「等しい」より厳しい概念である。普通の生活で「等しいこと」について話すとき、普通、何らかの視点からだけ等しいことを意味していっている。あなたが男性と女性が平等だと考えていても、両者が本当に正確に同じだと考えているとは私には思えない。おそらく、両者は同じくらい社会に貢献しており、社会から同じよう扱われる資格があるという意味でいっているのだろう。この種の解釈は、普通の言葉で処理することができる ── なんとか。なんといっても、正確に「等しいこと」が社会的に何を意味するのかについてはまだ多くの議論がなされているのだから。しかし、数学ではこの種のあいまいさを扱うことができないのは確かである。物事の主観的な解釈ではなく、厳格な論理を用いて推論するだけなのである。厳格な論理に従えば、ふたつのものが等しいのは、あらゆる点で厳密かつ正確に同じ場合だけである。数学では、私を除いて私と等しいものはない。

あなたはこれを苛々させる学者のやり口だと思うかもしれないが、もしかしたらそうかもしれない。あいまいさを排除しようとして、この種の苛々する問題が生じることもある。かつては意味を持っていたことが、あいまいさがなくなって、ほとんどすべての意味を失ってしまうのである。あなたは欲求不満になって手をあげ、この時点であきらめる誘惑にかられるかもしれない。それどころか実際に、まさにこの種のことで苛々して**お手上げだ**とあきらめたのかもしれず、だから今、あなたは数学者ではないのである（数学者でなければだが)。しかし、数学者はこの時点であきらめたりはしない。数学はいう。いいだろう、最初の一歩に過ぎない。私たちは少しずつ進む。一歩ごとに、あいまいさをなくすことのできる何かほかの概念を使って、あなたが**本当に**いわんとしたことに少しずつ近づいていく。

圏論ではそれは、等しいことはひとつの例にすぎないような、もっと幅広い種類の構造について考えることを意味する。こうして、このような過剰に限定的な「等しさ」の概念ではない、ほかの種類の関係が存在できるようになるのである。すでに、あるコンテキストでほぼ「同じ」であるものの例をいくつか見てきた。たとえば、相似の三角形は互いに正確に同じではないが、近い。それから、ドーナツとコーヒーカップについて考えた「同じ」という考え方がある。そして、正三角形の対称と 1、2、3 の数のいろいろな並べ方との関係についてはどうだろう。あとの章で「同じであること」についてのさまざまな考え方をもっと具体的に見ていくが、今は同一性にかぎらず一般的な関係を見ていこう。圏論は同じであることについて興味深い考え方を表現するという最終目標をもっているが、一般的な関係に注目することから始める。

関係は、関係のように見えないこともあるという事実を考慮して、実際には「モルフィズム」と呼ばれている。たとえば、

* 2 列 3 行の行列は、実質的に 2 から 3 へのモルフィズムと考えることもできるが、それを 2 という数と 3 という数の間の関係と考えるのは少し無理がある。
* 対象がそれ自身への多くの異なるモルフィズムをもてるということは理解できるが、対象がそれ自身と多くの異なる関係をもつというのはちょっと考えにくい。

数学的概念の名称に、直感に訴えるように日常生活の言葉を用いることがあるが、直感によって先入観が入ったり限定され**ない**ようにするために用語を作り出すこともある。

日常生活の言葉で、数学者が何か専門的な事柄を意味するために使用したものの例として、根、素、有理、実、虚、複、偏、自然、加重、フィルター、圏、環、群、体がある。

日常生活のものではない、つまり考え出された数学の言葉の例として、ロガリズム（対数）、サード（不尽根数）、モルフィズム、ファンクタ（関手）、モノイド、テンソル、トルソー、オペラドがある。

圏論が注目する関係をいくつか示そう。

* 数がもうひとつの数より大きいかどうか。
* 数がもうひとつの数を割り切れるかどうか。
* 空間がプレイドウのようなやり方でもうひとつの空間へ変形できるかどうか。
* ある集合からもうひとつの集合への関数。関数は、ある集合のものを入力とし、出力として別の集合のものを生じる。同じふたつの集合の間に、異なる出力を生じる多数の異なる関数がありうることに注意せよ。このため結局、物事が関係づけられる**かどうか**だけでなく、それらが**どのように**関係づけられるかについて考える必要がある。
* 群の間の関係について十分に理解したものが**関数**で、群内の対象を結合する方法との相互作用もかなりある。これについてはあとで触れる。

エルデシュ番号

ひとりのきわめて特殊な人物に対するすべての関係を評価する

この人間の「距離」に関する理論は、ある人物からほかの人物へ到達するのに知人の鎖をどれだけ長く経なければならないかを問題にする。たとえば、私が知っている人はすべて私から 1 ステップしか離れていないが、彼らの知り合いは（私がその人をすでに知っているのでないかぎり）私から 2 ステップ離れている。この理論によれば、世界の任意のふたりを結ぶのに 6 ステップしか必要でないという。

「知人」を「共著者」で置き換えてみると面白い。つまり、私が誰かほかの人と共同で書いた論文を発表したことがあれば、私たちは数学的に 1 ステップ離れている。こうした関係を図にして、世界中のあらゆる数学者に到達するには何ステップ必要か考えることができる。

ポール・エルデシュは 20 世紀のかなり変わったハンガリー人数学者である。彼は数学者のコンテキストにおいてさえ変人だった。物を少ししか所有せず、持ち物を入れたスーツケースだけをさげてあちこち旅する放浪生活を送り、コーヒーとアンフェタミンを燃料にして数学を研究した。

また、彼には共著が多数あり、実際、あらゆる時代を通じてもっとも多作かもしれない。生涯に 511 人の異なる共著者と論文を発表したのである（それに比べて私は現在のところ 6 人）。

彼の友人たちが、すべての数学者をエルデシュからどの程度離れているかによって結びつけるアイデアを思いついた。つまり、エルデシュの共著者はすべて彼から 1 ステップ離れているとし、さらにその共著者は 2 ステップ（彼と共著があるのでないかぎり）と続けていく。その距離は軽いユーモアをこめてエルデシュ番号と呼ばれている。彼の 511 人の共著者はエルデシュ番号 1 をもち、エルデシュ番号 2 をもつ人が私も含め 7000 人いる。距離が 6 ステップに達する頃には、25 万人に及ぶようになる。その人たちはみな数学者というわけではない。

とくに統計、天文学、遺伝学へも広がっていくのである。

これは圏論における重要な概念と関係している。いったんどんな関係に注目するか決めたら、その世界に単独で大量の重要な情報をすべて含むひとつの「特別な対象」があるかどうか考える。それは一種のバロメーター、リトマス試験紙、ベンチマークとなる対象で、たとえばエルデシュのような人物である。数学者はこれを**普遍性**と呼ぶ。

重要なことをほかのものとの関係で定義することについては、すでに論じた。

* 0はほかの数に加えても何も起こらないという性質をもつ唯一の数である。
* 1はほかの数に掛けても何も起こらないという性質をもつ唯一の数である。
* 空集合はありうるすべての集合のうちでもっとも小さいものである。
* あとで説明するが、空の群はありえず、したがってありうるすべての群のうちで最小のものは対象がひとつの群である。

圏論がこれをさらに推し進めるのを見ていこう。

家系図

図で関係を強調する

家系図は、線を引くことにより人々の間の関係を鮮明にする効果的な方法である。大雑把にいって2種類の線 —— 兄弟姉妹を表す水平の線と親子関係を表す垂直の線 —— がある。そしておそらく、結婚を表す別の種類の記号もあるだろう。再婚、異母兄弟などで家族が変化するにつれて複雑になり、いとこ同士が結婚した場合はいうまでもない。

家系図を描くと、「またいとこの子」のような少し難しい「いとこ」の用語を説明するのに役立つ。

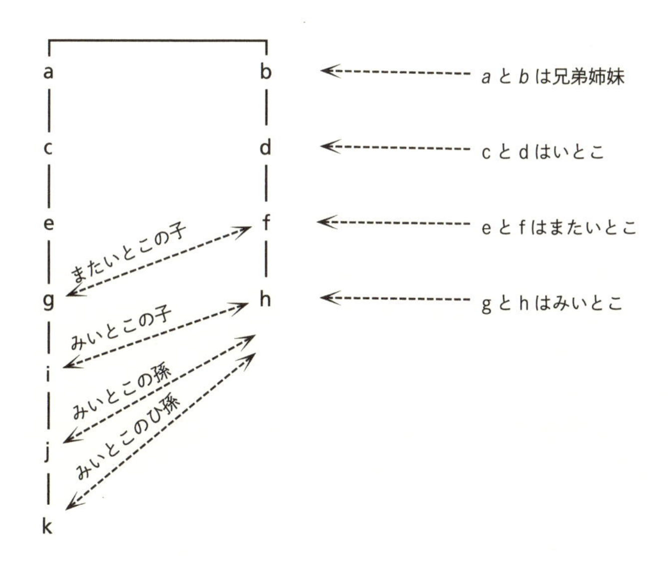

家系図のモデルは、本当は家族ではないがいくつか類似点をもつほかのシチュエーションでも使うことができる。私のピアノの先生には子どもがいなかったが、いつも生徒は自分の子どもようなものだといっていた。そして事実、彼女は非常にすぐれた指導者で、私たち生徒は彼女のレッスンだけでなくコンクールや上級特別クラスでの強烈な経験を共有し、兄弟や姉妹にちょっと似た関係になった。私は彼らのことを「ピアニストの兄弟姉妹」とみなし、私たちは今日まで続く強い絆で結ばれている。私のピアノの先生は、音楽を教えるだけでなく、親がする（少なくともすべき）ように価値観や行動規範を私たちに教え込み、ピアノの兄弟姉妹と私はずっとそれを共有していくだろう。私よりずっと年上か年下で、実際に同じときに生徒だったことはない、彼女の教え子たちに会ったときでさえ、私

は彼らとの絆を感じる。

ピアノの家系図は、本当の家系図よりもう少しいびつである。それは、ピアノの生徒がひとりもいない人（自分でピアノ教師にならない場合）もいれば、生徒が大勢いる人（なる場合）もいるからである。これは、多数の人が少数の子どもをもつ、本当の子どもの場合と対照的である。それでも、自分の先祖をたどっていくのは楽しい。私のピアノの曾祖母は、作曲家のロベルト・シューマンの妻、クララ・シューマンである。これはじつは私が知っている遺伝的先祖よりもさらに古い世代である。私は自分の祖父母の親が誰か知らないのである。

数学の家系図は、少なくとも数学者の間ではかなりよく知られているものである。じつは、世界のすべての数学者の数学的系譜をたどる試みをするウェブサイトがあり、求めに応じて系図を作ることができる。数学の世界では博士号を取得すると「誕生」したとみなされ、「親」はそのときの指導教官である。私のピアノの先生の場合と同じように、これも家系図に似ている。多くの指導教官、少なくともよい指導教官（私の先生のように）は非常に強力な指導者で、論文へ向けて学生を指導するだけでなく、少なくとも知的に考え行動する方法を身につけさせる。私は数学の新たな兄弟姉妹に会うと、ピアノの兄弟姉妹の場合と同じように、いつも彼らとのつながりを感じる。これは長く消息不明だった兄弟姉妹と会うのと少し似ているかもしれない。

いずれにせよ、結局のところ私は数学の祖先も遺伝的祖先より古くまでさかのぼることができる。数学の曾祖父は第二次世界大戦の偉大な暗号解読者アラン・チューリングで、彼はのちにまったくひどい扱いを受けた。同性愛者だという理由で起訴され、死後、2013年にようやく恩赦を与えられたのである。

圏論も、家系図、フライトマップ、市街地図、前に作った30の約数の「格子」の図などに少し似た図によって関係を表す。この表現方法は少し単純化しすぎだが、それは抽象化ではよくあることだ。いくつか重要なことが捨て去られているのである。ここでも、その結果、関心がもたれている特徴、この場合は特定の種類の関係が強調され、その特徴をほかのシチュエーションと比較することができる。

圏論は矢印を引くことによって関係を表し、そのシチュエーションの構造的特徴を明らかにする。矢印はそのとき考えている世界での関係を表し、同じふたつのものの間の複数の関係を表すために複数の矢印を引くこともできる。このやり方のきわめて強力な側面のひとつが、それによってすべてのものが幾何学的に表されることで、それは私たちの頭脳の使える部分を推論に振り向けられるということである。

じつは、私たちは家系図のような図を読むとき、幾何学的というより**位相幾何学的**に読んでいる。矢印がどんな形をしているかはそれほど問題ではなく、それがどこから出てどこで終わっているかだけが問題である。それはちょうど、地下鉄に乗っているとき、望みの駅で乗ったり降りたりできさえすれば、トンネルが地下のどこを通っていようとどうでもいいのと似ている。

このアプローチがいかに多くの洞察をもたらしてくれるか注目に値する。これから、家系図と少しずつ違うタイプの図を描いていくことになる。圏論における代表的な関係図をいくつか紹介しよう。それらが何を意味するかは、もう少しあとでもっと詳しく見ていく。

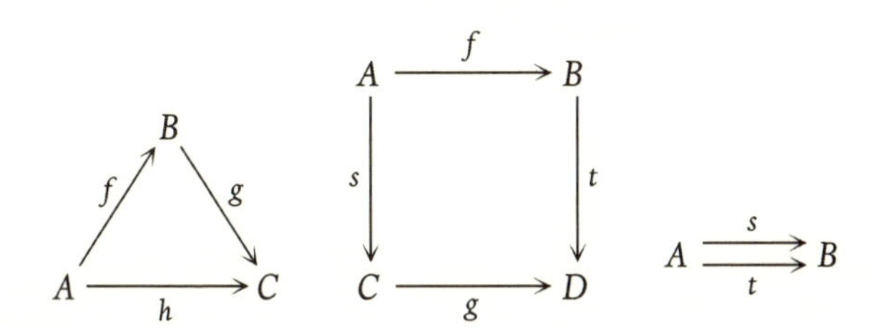

友だち

両方向の場合もあればそうでない場合もある関係

友だちのネットワークの図を描くこともできる。まず紙の上に友だち一人ひとりを表す点を描き、次に、彼らが友だちなら彼らをつなぐ線を引く。すぐにいくつか重要な疑問につきあたるだろう。

(1) みんな自分自身の友だちか（それとも、みんな自分自身の最大の敵か）？
(2) 誰かがあなたの友だちなら、あなたも必ずその友だちか？
(3) あなたの友だちの友だちはみんなあなたの友だちか？（フェイスブックはイエスといいたいだろう）

2番目の疑問にノーと答えることにしたら、誰かの友だちであることと相手が自分の友だちであることを区別するため、ふたりをつなぐ線は矢印にしたほうがよい。次のようになるだろう。

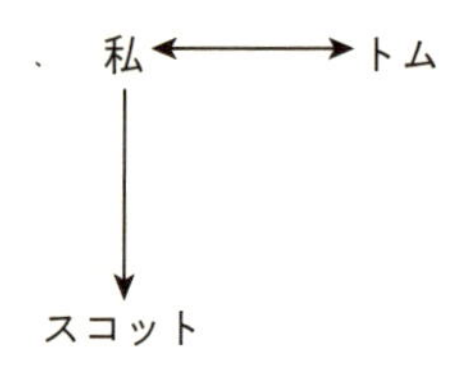

この場合、私はトムの友だちで、トムは私の友だちである。これに対し、私はスコットの友だちだが、スコットは私の友だちではない（おそらく、私はスコットに親切だが、彼は私に親切ではない）。

この図を描いたら、いくつかの特徴が視覚的にかなり明確になる。

＊誰も友だちがいなければ、白紙の中のひとつの点でしかない。
＊非常に人気があれば、多数の線が出ている。

あなたにつながった人たちからはそれほど多くの線が出ていないから、このことがよくわかる。

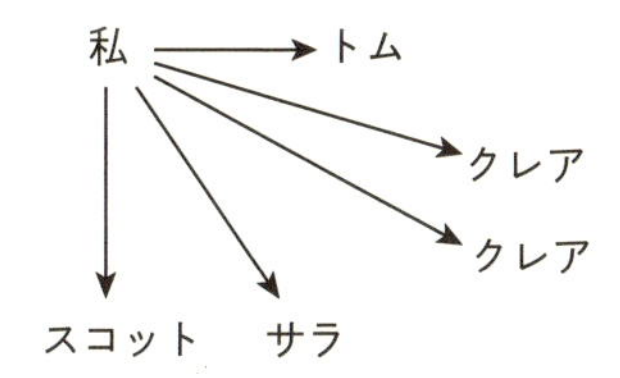

あなたが非常にしっかりと結びついた親密な友人グループに属していたら、点が密にかたまっていて、それらの間をあらゆる方向に線がつないでいるだろう。

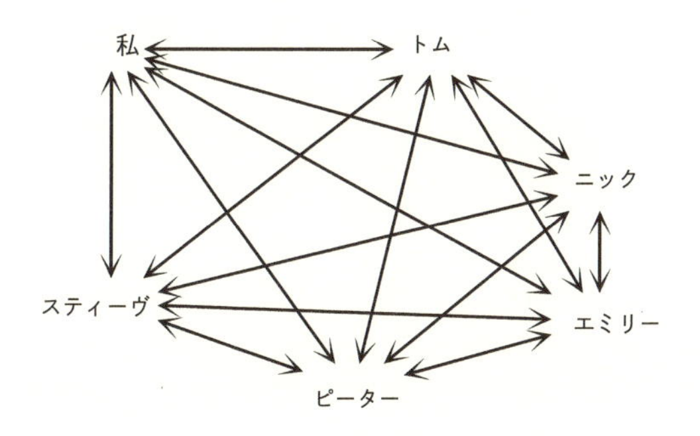

圏論はこの種の図を非常に重視するが、それが表現できるような関係にいくつかのルールを課す。それは上記のリストと正確に同じではないが、関連がある。交友関係にかんする先の 3 つの疑問は、「同値関係」と呼ばれるもの ── とりわけ重要な種類の関係 ── についての重要な疑問である。同値関係は非常に整然としており、それは 3 つのルールにつねに従うからである。3 つのルールとは、交友関係の場合は上記の 3 つの疑問にイエスと答えるのに相当する。

1 番目のルールは**反射的**関係にあるということで、みなそれぞれ自分自身とその関係が成立することをいう。2 番目のルールは**対称的**関係にあるということで、A が B に対してその関係にあれば B も A に対してその関係にあることをいう。3番目の最後のルールは**推移的**関係にあるということで、これについてはすでに第4章で説明した。このルールは、AがBに関係づけられ、BがCに関づけられれば、AはCに関係づけられることをいう。

同値関係の例のひとつが三角形の相似である。三角形は角がそれぞれ等しければ、必ずしも辺の長さが等しくなくても相似であることを思い出してほしい。次のように、3つのルールを確認することができる。

(1) すべての三角形は、それ自体と同じ角をもつため、それ自体に相似である。
(2) 三角形Aが三角形Bに相似であれば、AはBと同じ角をもつ。しかしこのとき、BはAと同じ角をもつため、BはAに相似である。
(3) 三角形Aが三角形Bに相似であれば、それはAとBが同じ角をもつことを意味する。三角形Bが三角形Cに相似であれば、それはBとCが同じ角をもつことを意味する。このときAとCが同じ角をもつため、三角形Aは三角形Cに相似である。

同値関係のもっと基本的な（そして冗長に思える）例が等しいという関係である。この場合も、次のようにしてルールを確認できる。

(1) 話している対象が何であろうと、つねに A = A である。
(2) A = B なら、必ず B = A である。
(3) A = B かつ B = C なら、必ず A = C である。

これはよいことだ。なぜなら、より広い関係の概念について考えようとするとき、基本的でより単純な等しいという概念も含まれていなければならないからである。これは、同値関係は等しいという関係の**一般化**であることを示している。圏論で許される関係がこれよりさらに一般的であることを見ていこう。それは、数学的対象の間の多くの関係は同値関係のように整然とはしていないが、それでもそうした関係を研究したいからである。

片づけるか否か

ものをその自然な場所に放置するべきときを知る

私の机が散らかっているとき、ものはみな、それぞれ置かれたときのままの自然な位置にある。とにかく、私はそう考えるのが好きだ。書類の海と大量のペンと鉛筆（机の上に少なくとも 10 本はあるに違いない）がもっとも落ち着いた感じになるように空間を埋めるままにしてきた。しかし、ときには片づけなければならないことがあり、それはたいてい私の「デスク」が本当は食卓だからで、このため友人を食事に迎えるときにはきれいにしなければならないのである。その場合、書類を山積み、つまりひとつの大きな山に加えようとする。書類をその山に入れてしまったら、きちんと整頓され、持ち運ぶのがずっと簡単になるが、自然な幾何学的配置を破壊したことになる。ただ積み重ねてあるだけだから、その山から必要なものを見つけるのがずっと難しくなるだろう。これに対し、机の上いっぱいに広げていたときは、すべてのものがどこにあるか私にはなんとなくわかっていたのである。

これは、圏論がするように、数学の自然な幾何学配置を明らかにすることの重要な側面のひとつである。圏論は「関係」という**抽象的**な概念を**目に見える**概念、すなわち「マップ」に引く矢印やそのほかの抽象的なシチュエーションの物理的表現へ変える。さらに、形をもつようにして可視的表現を構築する。

たいていの人が知っているように、代数は一直線に記号を書き、それからまた一直線、また一直線に書いていき、いくつもの非常に整然とした紙の山のようになる。

$$\begin{aligned} 2x + 3 &= 7 \\ 2x &= 7 - 3 \\ 2x &= 4 \\ x &= \tfrac{4}{2} = 2 \end{aligned}$$

しかし、物事の間のもっと微妙な関係を扱っている場合、そうしたものは一直線に整然と並びたがらない。紙面上で自然な幾何学的配置をもっているのである。そして、圏論の顕著な特徴のひとつが、自然な幾何学的配置が残るのが許されることである。

次に示すのは、一直線に並ぶ代数の表記の例である。

$$xC.By.zA = Az.yB.Cx$$

これは多少わかりにくいが、立方体の面に関する自然な幾何学的配置を含んでいる。ここで小文字は立方体の面で、二重線の矢印がつけられており、大文字は辺で、一本線の矢印がつけられている。圏論ではすべてのものが非常に厳密な意味をもち、複雑すぎるため今はまだ詳しく述べないが、おそらくあなたにも一直線に並ぶ代数から立方体の図へ移るためのルールが何かわかるだろう。

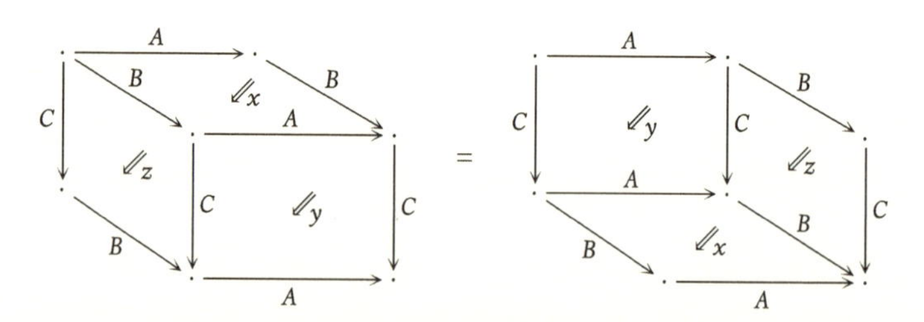

これはじつは、小さな部品 ── 長方形の面と長細い辺の部品 ── からひとつの構造を組み立てるための指示のようのものである。x、y、z というラベルのついた長方形の部品があれば、それらをつないで組み立てる方法はさまざまなものがあるだろう。しかし、辺Cを面 x の角につけ（これを xC と呼ぶ）、辺Bを面 y の角につけてしまえば

(これを By と呼ぶ)、このふたつの合成部品を結合させる方法はひとつしかない。同様に、zA を作るというようにして続けていく。

じつは、上記の式は「紐」を部品とするさらに自然な幾何学的配置も示している。

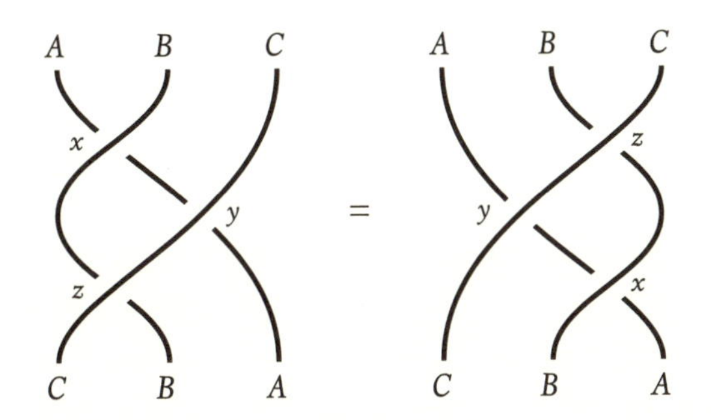

紐が立方体にどのように対応するか説明するのはさらに難しいが、本当に紐でできていて両端がピンで留めてあったら、紐を徐々に動かして左側の状態から右側の状態へ変えることができるという意味で、左側の紐の図が右側の紐の図と同じだということは理解できるだろう。この種の図は編んだ髪(ブレイド)に似ているため数学では「ブレイド」と呼ばれ、いくつかの数学の議論はこのように紐を動かす観点からふたつのブレイドが同じかどうかという問題に還元できる。

> 立方体の図と紐を使った図はどちらも、**より高次元の圏論**における代表的な計算である。先進的な圏論学者の間でさえ、どのタイプの図がもっとも物事の解明につながるか意見が一致していない。

この種の図はすべて、そしてとりわけ矢印のあるものは、圏論において非常に重要な役割を果たす。次のように矢印で正方形を描いただけでも、たまたまそれを見た純粋数学の研究者は誰でもそれが圏論に由来するものだとわかるはずである。

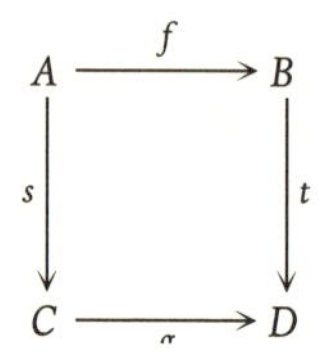

数学には、代数学、幾何学、論理学という3つの側面があるという説がある。大まかにいえば、代数では記号を操作する。幾何学は形と位置を扱う。論理学は物事について論じることを扱う。この説によれば、あらゆる数学は次の三角形の辺のどこかに位置するという。

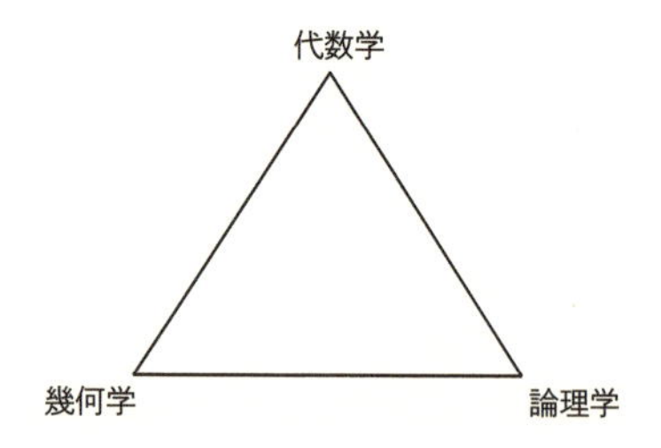

しかし、圏論はこれら3つすべてを結合すると考えることができる。圏論は議論の構造を扱い、代数を幾何学的に扱う。

一方通行の通り

ひとつの地図に異なる種類の経路を示す

街路地図は、ある意味、場所の間の関係を図解するものである。この場合の「関係」は、「AからBへ到達する道」である。非常に詳しい地図だったら、一方通行のしるしもつけられていて、その場合はＡからＢへ到達する道は必ずしも逆のＢからＡへ到達する道にならない。

その地図が**本当に**詳しかったら、自転車レーンも示されているだろう。ＡからＢへの経路は、自動車と自転車が両方走行するものの場合もあれば、どちらか一方だけのものの場合もある。バスの経路、路面電車の軌道、歩行者用街路も示されているかもしれない。もちろん、歩行者用街路は方向が決まっていることはまずないだろう（ただし、地下鉄には通路が一方通行になっている場所があり、たとえばバンク駅のセントラル線とノーザン線が接続するところには上りと下りが完全に別々になった螺旋階段がある）。

街路地図はみな、ものがどこにあるかという見地からより、ひとつのものからほかのものへどうやったら到達できるかという見地から都市の図を作り上げている。それは圏論のように、もの自体ではなく、ものとものの間の関係を重視している。その重要な側面のひとつは、ものを複数のやり方で関係づけることができることである。また、関係は必ずしも**対称的**ではなく、一方通行の通りなどがあって、ＡからＢへの経路が必ずしも可逆的ではない。このため、先に述べた同値関係とは別の種類の関係になる。圏論の関係の場合、やはり反射的関係（自分自身と関係づけられる）と推移的関係があるが、対称性はもう必要条件ではなく、いくつもの異なるやり方で関係づけができる新たな可能性がある。

次の図は非常に小さな圏を表している。

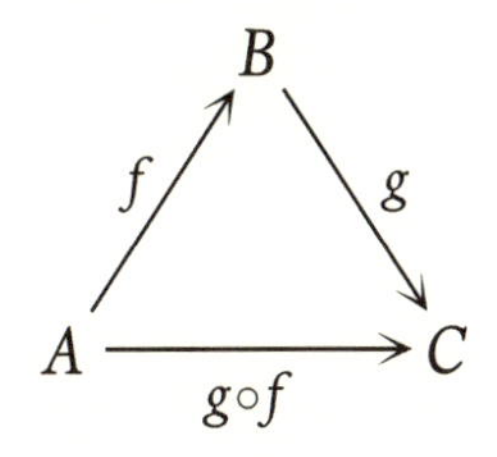

ここでfはＡからＢへの経路のようなもので、gはＢからＣへの経路のようなものである。そして$g \circ f$は、まずfにそって行ったのちgにそっていくＡからＣへの経路を表すために使う簡略表記である（gの右にfを置くのには専門的な理由があるが、詳しく述べることはしない）。

これはロンドンからドンカスターを経由してシェフィールドへ行く電車の路線地図に似ている。ただし、もう少し**地理学的に**正確にすると、右の図のようになる。

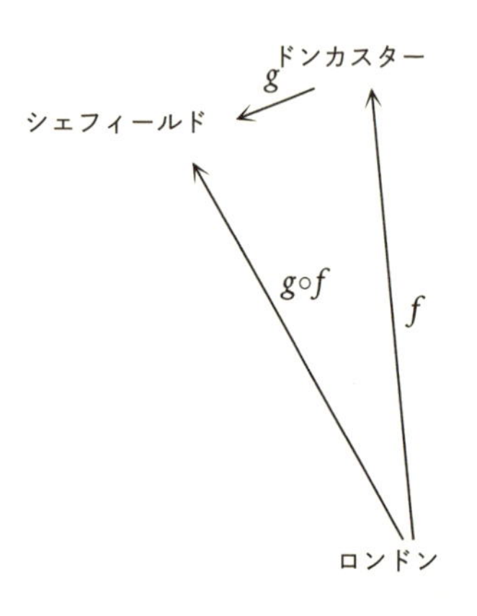

しかし、正確なレイアウトにしても**数学的には**何も違いは生じない。この図は、ロンドンからドンカスターへ行く列車と、ドンカスターからシェフィールドへ行く列車があることを教えてくれる。次々と来る列車のひとつに乗ってロンドンからシェフィールドへ行くことができるのである。これらの矢印は、列車がとる物理的経路ではなく、ロンドンからシェフィールドへ行く経路があるという**抽象的な**事実を表している。

次頁上の図ではロンドンからシェフィールドへもうひとつ矢印がある。じつはドンカスターで乗り換える必要がないロンドンからシェフィールドへの直通列車があるからだ。

つまり、この図にはロンドンからシェフィールドへ行くふたつの経路があることが示されているのである。そのひとつはふたつの列車に乗る行程が「まとめられた」もので、もうひとつはそうではない。圏論では、一般に数学と同じように、ひとつのことをしてからもうひとつのことをするプロセスは**合成**と呼ばれる。

あなたは、この地図には描かれていない経路がいくつかあることに気づいているかもしれない。たとえば、何もしないことによってロン

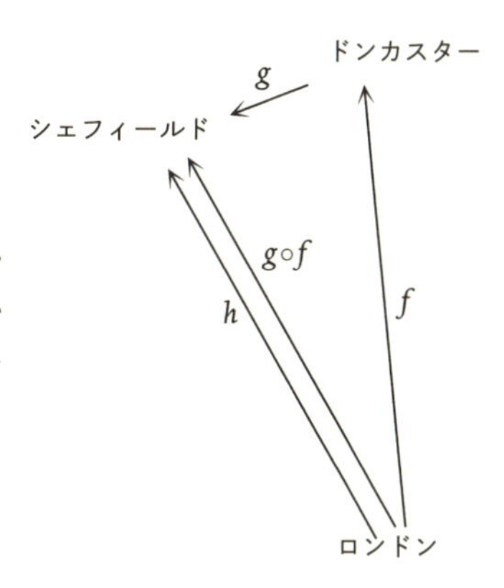

ドンからロンドンへ行くことができる。それは反射的関係と似ている。また、シェフィールドからシェフィールド、ドンカスターからドンカスターへ行くこともできる。これを小さな矢印で示すことができる。しかしこれはあまりに明白なことなのでちょっと無意味だろう。

関係と矢印を引くことについてのこうした考え方は、この章の終わりで定式化する。

圏の公理化

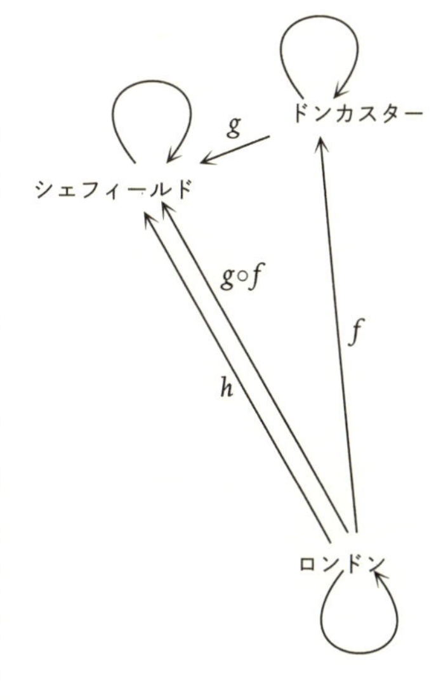

ちょうど第 8 章で群について行なったように、圏を公理化することによりそれを定義しよう。それには、基本的構成要素は何か、そしてどうすればそれらをくっつけることができるか知る必要がある。

数学における**圏**は、対象の集合と、それらの間の関係の集合から始まる。このとき、これらの関係は必ずしも対称的ではなく、このため言葉を少し変えてそれをはっきりさせる必要がある。つまり、「A と B の間の関係」といわずに、「A から B への関係」といって一方向のみに行くことを強調したほうがよいのである。実際には圏論では、さらに方向を強調し、矢印を使って関係がよくわかる図を描いたことを示すため、「AからBへの射」ということがある。また、むしろドーナツをコーヒーカップに変形させるときのように何かをほかのものに変形させるやり方によく似ている場合があるため、「モルフィズム」ということもある。

では、上記の関係が従わなければならないルールを述べよう。

(1)（推移的関係と少し似ている）射A $\xrightarrow{f}$ Bと射B $\xrightarrow{g}$ Cが与えられたとき、結果として**合成**射A $\xrightarrow{g\circ f}$ Cを生じなければならない。
(2)（反射的関係と少し似ている）任意の対象Aが与えられたとき、ほかの任意の射で$f\circ I = f$かつ$I\circ f = f$となるような「恒等」射A $\xrightarrow{I}$ Aがなければならない。
(3) A $\xrightarrow{f}$ B、B $\xrightarrow{g}$ C、C $\xrightarrow{h}$ Dという3つの射が与えられたとき、さまざまなやり方で合成することができ、それらはすべて次のルールに従わなくてはならない。

$$(h\circ g)\circ f = h\circ(g\circ f)$$

これらのルールを見て、あなたは群の公理化のことを思い出すかもしれない。群の場合も「何もしない」恒等元があり、結合に関する3つのルールがあった。ここでは結合しようとしているものはもう対象ではなく、それらの間の関係である。つまり、さらに上のレベルの抽象化あるいは一般化が行なわれた──すべてが1レベル移動した──ということである。レベルの移動は、次元に関する章で説明するように、圏論ではよく起こることである。それは、脳が破裂、あるいは爆発する、それともメビウスの帯のように奇妙に歪むような気にさせることのひとつだ。事実、数学者はそれを「ヨーガ」と呼ぶことがある。次章で、このように脳をひっくり返したら違った見方ができるような考え方について検討していく。

圏の例

圏のちょっとした例をいくつか示す。まず、対象がひとつと射がひとつだけで構成されるごく小さな「圏」がある。射がひとつしかないため、それは明らかに恒等射でなければならない。この小さな圏の図を描くと、次のようになる。

単一の対象を x と呼ぼうが y と呼ぼうが、フレッド、あるいは何かほかの呼び方をしようが、あまり関係ない。対象の名前が何であれ図はやはり同じように見えるだろう。これはありうる圏の中で一番小さくてもっとも馬鹿げたものだとあなたは思うかもしれないが、さらに小さなものがあり、それは対象も射もないので描くことができない。対象がひとつで射がない圏はなく、それは先に述べたのルール 2 により、どの対象も恒等射をもたねばならないからである。

恒等射では**ない**射をひとつだけもつ圏があり、それは次のように描くことができる。

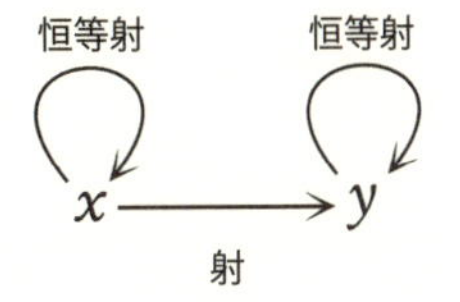

恒等射は**つねに**あるのだから、いつも描くのはちょっと無意味だとあなたは思うかもしれない。このため通常は、場所をとるだけだからわざわざ恒等射を描かない。したがって、上記の圏は次のように表せる。

$$x \longrightarrow y$$

ここでxとyは集合、モルフィズムは関数であってもよい。あるいはxとyが群で、モルフィズムは群の演算を使う関数であってもよい。あるいはxとyが位相幾何学的空間で、モルフィズムはあるものを別のものに変形するやり方であってもよい。しかしこれらは、代数ですべてのものをxとyに変えるときと同じように、特定の集合や群や空間ではない。方程式ではxは**可能性のある**数で、圏論ではxは**可能性のある**集合または群または空間、あるいは何かほかのもので、このためたんに対象と呼ばれている。

次に、複数の射が**合成**できる圏を示そう。

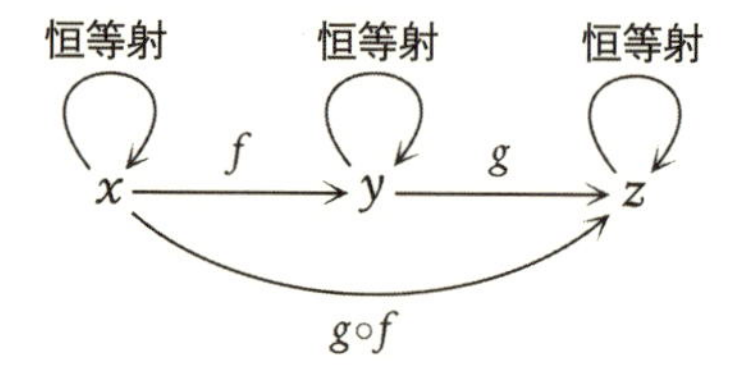

しかし、わざわざ恒等射を表示しないだけでなく、本当は**合成射**$g \circ f$も、そこに当然あるべきなのがわかっているのだから、わざわざ表示する必要はない。これはみな図をより効率的で、なるべく乱雑でない見やすいものにするためである。したがって、この圏は次のように描かれる。

$$x \xrightarrow{f} y \xrightarrow{g} z$$

30の約数について考えたとき、この「片づけ」が格子の図を整理したのとよく似ていることを、このあとすぐに見ていく。

対象がひとつしかない圏

これで、第 2 章で私が苦労したと書いた、抽象化のあの最後の飛躍を理解できるか試してみることができる。それは「対象がひとつの圏」に関するものだった。圏がひとつしか対象をもたないとき、すべての矢印は同じところから始まって同じところで終わるが、それは必ずしも恒等射ではない。

たとえば、x はあらゆる整数の集合かもしれない。恒等元ではない整数についての関数で可能性のあるものはたくさんある。たとえば、あらゆるものに 1 を足す関数や、あらゆるものに 10 を掛ける関数である。

さて、対象がひとつしかない圏では、すべての射の終わりがすべての射の始まりと一致しているから、**すべての**射が合成可能である。したがって、単一の対象は何も情報を与えてくれず、私たちもそれについて考えるのをやめるかもしれない。この射集合は、自然数のように掛け合わせることができるが必ずしも割り切れるとはかぎらないものの集合である。これは**モノイド**と呼ばれ、こうして「対象がひとつの圏はモノイドと同じものである」という事実に行き着くのである。

数の圏

対象がみな自然数で、$a \leqq b$ のときはいつも $a \to b$ という射がある圏を作ることができる。すると、次のような射があり、

$$1 \longrightarrow 2 \longrightarrow 3$$

これらの射の合成は

$$1 \longrightarrow 3$$

である。

これは特殊な圏で、そこでは任意のふたつの対象が与えられると、両者の間にはちょうどひとつの射がある。a と b という任意のふたつの自然数について考えると、$a \leqq b$ か $b \leqq a$ のどちらかだからである。両方が真になるのは $a = b$ のときだけで、その場合は a からそれ自身への恒等射である。この圏は、合成射や恒等射を描く必要がないという先の原則を使って、次のように表すことができる。

$$1 \longrightarrow 2 \longrightarrow 3 \longrightarrow 4 \longrightarrow 5 \longrightarrow 6 \longrightarrow \cdots\cdots$$

予想通り、最後にはすべての数が一列に並ぶことがわかる。このような圏は、対象がすべて順序正しく並んでいるため、「全順序集合」と呼ばれる。射になぜ≦の代わりに＜を使えなかったのかわかるだろうか。なぜなら、そうすると恒等射が含まれないからである。すべてのものからそれ自身へ行く射がなくてはならないが、$1 < 1$ ではないため、そうならない。じつのところ、どんな数についても $n < n$ ではない。

これとは違う数の圏が、先に注目した30の約数から生じる。**a が b の約数**のときはいつでも、$a \longrightarrow b$ と矢印を引くことができる。その場合、次のような図になる。

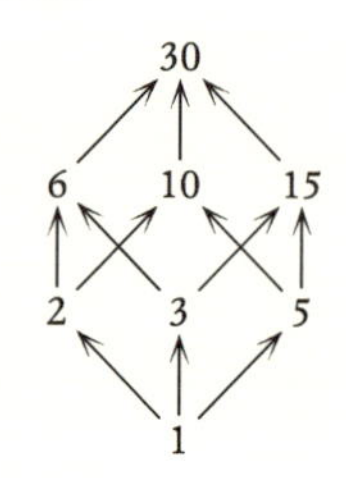

合成も書き入れようとしたら、前に見たようなずっとわかりにくい図になる。

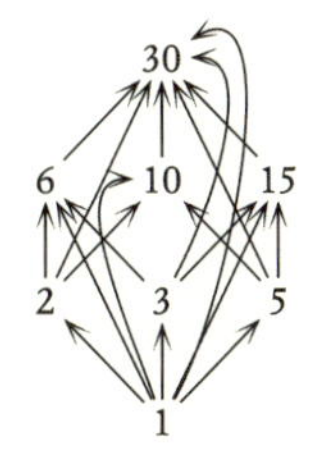

このように、圏論的なアプローチを使うと、それによって図が整理されて、構造がより明確に見えるようになることがわかる。これが、圏論の基本的な目的のひとつである。とくに重要な構造を分離させるため、思考を「片づける」のである。この対象と射の枠組みによって果てしない可能性が開け、ほかの方法だと決して同じ観点から研究しようとは思わなかったかもしれない構造が包含されるようになるのは、じつに素晴らしいことである。次のようなふたつの対象とその間のひとつのモルフィズムからなる、どうということのない小さな図にすべてが要約できるものが、いかに多岐にわたるか示す例をいくつか挙げよう。

$$x \longrightarrow y$$

＊ふたつの数、不等（≦ または ≧）。
＊ふたつの数、一方が他方で割り切れる。
＊ふたつの集合、一方から他方への関数。
＊ふたつの集合、一方が他方に完全に含まれる。
＊ふたつの群、一方から他方への関数で群の構造との間にかなりの相互作用がある。
＊ふたつの空間、一方から他方への変えるやり方。
＊空間内のふたつの点、一方から他方への経路。
＊空間内のふたつの線、両者をつなぐ曲面。
＊左辺にある 1 対の数、そのひとつをそのままにして右辺にひとつだ

け数を置くプロセス。

＊ふたつの論理的陳述、一方が論理的に他方から導かれることの証明。

この単純な図でこれらのシチュエーションをすべて表現できたとしても、それによって達成できたことはたいしたことはないように思えるかもしれない。しかし、これは圏論の出発点にすぎない。次にできることは、図を作成して、複数の射と相互作用からどんな形が現れるか見ることである。それが次章のテーマである。

第12章　構造

ベークトアラスカ

【材料】

平らな8インチの円形スポンジケーキ　1個
ラズベリー　200g
バニラアイスクリーム　1パイント（約500ml）
卵白　4個分
白砂糖　175g

【作り方】

1. 卵白と砂糖をかなり固くなるまで泡立てて、上にのせるメレンゲを作る。
2. オーブン用の皿にケーキを置き、上にラズベリーをのせるが、縁に十分余裕を残しておく。その上にアイスクリームをドーム状にのせるが、まだケーキの縁にかなり余裕を残しておく。
3. 固くした卵白をアイスクリームの上に隙間ができないように注意して重ね、卵白でケーキの周囲から皿までおおって十分に密閉した状態にする。
4. 高温のオーブン（220℃）で、メレンゲに焼き色がつくまで焼く。すぐに食べる。

ベークトアラスカはたんなる食べ物ではない。それは科学である。さまざまな部分は味だけのためにそこにあるのではなく、**構造的**な目的にかなっている。メレンゲとスポンジがアイスクリームをオーブンの熱から保護し、このため熱いメレンゲと冷たいアイスクリームを同時に食べる刺激的な感覚を味わうことができるのである。

ほかの種類の食べ物でも、その構造的特徴が重要なものがたくさんある。サンドイッチとスシは何かをしながらでも食べるのに便利なように工夫されている。ヨークシャープディングは、要するに食物を入れる食べられる皿になっているヨークシャー方式のプディングである。ボローバン［魚や肉などを入れたパイ］もやはり食べられる入れ物である。バタードフィッシュ［いわゆるフィッシュ＆チップスの揚げ魚］では、魚の外側を加熱しすぎないように衣が保護している。あるいはケーキをキャンプファイアーで焼くあの素晴らしい方法、つまり中身を除いたオレンジの皮の中に入れて焼く方法。皮がケーキミックスを保持して火からケーキを守るだけでなく、ケーキにほんのり素敵なオレンジの風味がつく。

これらはみな、その食物にとって構造が不可欠な要素であるものの例で、場合によっては食物の味が構造の影響を受けたり、さらには構造によって決定されることもある。これは、形が味からある程度独立している恐竜の形をしたケーキとは違う。

圏論の重要な側面のひとつが、ある数学的観念のどの部分が**構造的**か —— 恐竜ケーキよりベークトアラスカに似ているか —— 調べることである。圏論は、構造を保つうえですべてのものがどんな役割を果たしているか、非常に注意深く調べる。

立体駐車場

建物の構造部分がどのように見えるか

私は、数人の友人たちと一緒に建築半ばの建物を見ていた。実際にはそれはおそらく建築半ばにもなっておらず、構造の骨組みでしかなかった。私たちは、それがどんな建物になるのか推測していた。この地域の新しい建物について最近読んだことを思い出して推測しようとしている人もいた。しかし、数学者（しかも純粋数学の数学者）である私は、それをじっと見て、「第一原理」つまり目の前にあるものが実際にどのように見えるか？　から答を出そうとしていた。

私は突然、ふたつのことに気づいた。まず、それは立体駐車場のように見えた。そして、**すべての**建物は建築過程のこの段階では立体駐車場のように見えるに違いないということにも気づいた。普通、建物の基本構造について考えるとき、ものを取り除いたらどうなるか考える。まず、家具と壁紙や絵のような装飾、次に窓とドア、それから何も荷重を支えていない壁。

しかし、建物の構造について考える逆の方法がある。取り除くのではなく、組み立てていくのだ。装飾をする前に構造がしかるべき位置になければならないからである。

多くの数学が構造に関するもので、圏論はとりわけ構造を扱う。ものを支えているのは何か？　どの部分なら、全体を倒壊させることなく取り除くことができるか？

これは、数学者が何百年もかけて５番目の公理が本当に必要なのか否かを明らかにしようとした平行線公準の話に少し似ている。それがなかったら幾何学は崩壊してしまうか、それとも幾何学は何も変わらないのか？　圏論では、与えられた数学的世界の中で、公理の正確にどの部分がすべてを機能させているのか理解したいと思う。これが重要なのは、正確に何がそれを支えているのかわかれば、シチュエーションを**一般化**してそれをわずかに異なる世界へもっていくのに役立つからである。

整数がどのようにしてまとめられているのか知るためにできる思考実験がある。2 という数がもう存在しないとしてみよう。**今は**どの数が素数だろう？　素数は 1 とそれ自身でのみ割り切れる数で、1 は素数とみなされないことを思い出してほしい。

このとき 3 はまだ素数で、なぜなら 1 とそれ自身でのみ割り切れるからである。だが、4 はどうだろう。4 はかつては 2 でも割り切れていたが、2 は**もう存在しない**。したがって、今では 4 は 1 と 4 だけで割り切れ、このため「素数」になった。

そして 5 はやはり素数で、この事実を**一般化**して、素数であった数はいずれもやはり素数であるとすることができる。なぜなら、突然、新たなもので割り切れるようにはならないからである──ここで新たなものはひとつもない（2 という数を除いたが、その代わりに何も新しいものを考え出さなかった）。問題は**偶数**で起こるだろう。それは、もう 2 が存在しないため、2 で割り切れるとはいえないからである。

また、6 はもう 3 で割り切れないから、今では素数である。ここで 3 で「割り切れる」が何を意味するかについてもう少し慎重にならなければいけない。それは、k が何か整数のときに $6 = 3 \times k$ であることを意味する。しかし、2 が存在しないため、6 はもう何かの 3 倍ではない。このため 6 は 1 とそれ自身でのみ割り切れる。8 と 10 も同様である。

すると、ひとつ奇妙なことが起こる。今では数を異なるやり方で「素数」の積で表すことができるのである。あなたは例を考えることができるだろうか？　ひとつ示そう。

$$24 = 3 \times 8 = 4 \times 6$$

この新しい 2 のない世界では、3、8、4、6 はみな「素数」である。つまり、2 という数を捨て去ることにより、すべての数は素数の積としてただひとつのやり方で表すことができるという、数の基本法則のひとつが無効になってしまったのである。

セントポール大聖堂

ひとつの構造の 3 つの側面

私はジムで音なしでテレビを観ることがよくある。トレーニングを頑張れるよう音楽を聞くのが好きなのだが、目の前にスクリーンがあるため、観ざるをえないのだ。あるとき、セントポール大聖堂の建物についてのかなり質の悪いドキュメンタリードラマをやっていて、それにはロボットの声を思わせるような雑な書体で堅苦しい自動字幕がついていた。

私は当時、セントポール大聖堂について、それがサー・クリストファー・レンによって設計されたこと以外、あまり知らなかったし、とくにドームがどのように建設され、建築にどのくらいの期間がかかったか、あるいはそれが未完成に近いということを知らなかった。当時、私がその素晴らしい荘厳な美しさをわかっていたのかどうかさえ定かではない。私が知っていたのは、それが大きくて有名だということだけだった。

私がこのドラマから学んだことは、ドームが実際には**3つ**のドームからできているということだった。内側のドームと外側のドームはどちらも見えるが、両者の間に3番目の隠れたドームがあって、じつはそれが構造を支えているのである。外側のドームはロンドン中から見えるもので、近年、シャード、ガーキン、そのほかもっと高いビルができたにもかかわらず、今でも空を背景にひときわ堂々とそびえている。それが目を引くのはドームの純然たる高さのせいではない──1962年にロンドンでもっとも高いビルの地位を奪われ、シャードはほとんど3倍の高さがある。ドームはその全体の大きさが理由で目を引くのであり、このようなものを基礎を崩壊させずに支えるにはどうしたらよいかという、当時としては困難な技術的問題を提起した。

内側のドームは大聖堂の内部の美的欲求を満たす働きをし、とてつもなく大きなドームが建物の主要部分の空間を打ち負かすことがないように、聖堂の内部はバランスのとれた大きさにする必要があった。このドキュメンタリードラマを見るまでは、私は内側から見えるドームが外側から見えるものと同じではないことを知らなかった。

しかし、この建築の非凡なところは、ふたつのドームの間に「仲介する」第3の隠された構造的なドームが存在することである。ほかのふたつのドームは広くて平らすぎるためドームの上にある頂塔の重い構造を支えることができず、そのため両者の間にずっと尖ったレンガの建造物があり、これは見た目にはあまり美しくないが、十分に強くて安全で、必要な荷重を支えることができるのである。

当時、私は博士課程の学生で、これは自分が執筆している最中の論文にそっくりだとひらめいた。その論文は同じ構造の3つの現れ方に関するもので、ひとつは「内的」動機（シチュエーションの内的論理）によるもの、ひとつは「外的」動機（特定の目的）によるもの、そしてもうひとつは「隠された」ものでその唯一の目的はふたつの間を仲介するという構造的なものだった。

このドラマの人間的な部分は、どうやらレンは自分が望む効果をどうしたら実現できるかわかっていなかったらしいというところだった。現に聖堂の建築が進んでいるのに、レンはまだどうやってドームを建設したらいいかわからないでいた。彼は、自分が完成しようとしているものの姿を思い描いていただけだった。3つのドームのアイデアはあとで生まれたのである。

私は今、内的動機と外的動機の間に違いがあること、両者の間を仲介する構造があること、そして人が真によいアイデアをもっているなら、それを成し遂げる、あるいは正しいことを証明する手段はあとからついてくるという考えを強く信じている。そして、人は華々しい成功の直前に大失敗をしそうになることがあるということも。それに、私がセントポール大聖堂が大好きなことも。

圏論ではしばしば同じ構造の異なる側面を研究する。物事を裏返して別の方向から見ると、とても面白い場合がある。何かをひとつの観点だけから判断するのは限定的すぎる。数学の歴史における最大級の飛躍は、しばしば一見無関係に見えるテーマが結びつけられたときに起こっており、コミュニケーションや、情報と技術の移転を可能にした。ふたつの島の間に橋をかけることと、どこにもつながらない橋を建設することとの違いに似ている。

圏論は**代数的位相幾何学**の研究から発展した。すでに、曲面、結び目、ベーグル、ドーナツ、あたかもプレイドウで作られているかのように形をほかの形へ「モーフィング」する考え方など、位相幾何学から生まれたさまざまな考え方に目を向けてきた。また、群、関係、結合性など、代数に由来するさまざまな考え方も見てきた。

代数的位相幾何学は、代数と位相幾何学というふたつの「都市」の間の道路のようなものである。もともとの目的は代数を使って位相幾何学の研究をすることだったが、その後、対面交通の道路になり、このため位相幾何学を代数を研究するのに使うこともできる。圏論はふたつの都市の間で通訳の働きをする。そして、次のような質問を可能にする。

* 一方の都市は、もう一方の都市がもつ特徴に似た特徴をもっているか？
* 一方の都市から他方の都市へツールやテクニックをもっていっても、それはまだ機能するか？
* 一方の都市の物事の間の関係は、他方の都市の物事の間の関係に似たところがあるか？

圏論は、必ずしもこうした疑問すべてに答えるわけではないが、問題を提起する方法を与えてくれ、答を見つけるためにどの考え方が重要で、どれが無関係か知るのを助けてくれる。

CD

どの部分がそれをCDにしているのか？

あるとき私は、CDからラベルを剝いでみることにした。なぜだか思い出せないが、もしかしたらそれがとてもみっともなかったので、もう見るのが耐えられなかったのかもしれない。私は初めて自分の

CD を作ったときの CD 用粘着ラベルをひとパックもっていて、とても気に入って使っていた。自分で新しいラベルをデザインしてそれを CD に貼るつもりだったのだと思う。それで新しいラベルを上に貼ってみたのだが、下の古いラベルがまだ見えていた。

これが作り話のように聞えると思われるなら、気持ちはわかる。私もちょっと、この部分は自分で話を作っているような気がする。じつをいうと私は今、なぜ CD からラベルを剝ごうとしたのかどうしても思い出せないのだが、次に起こったことははっきりとおぼえている。ラベルを剝いだら、私の手に残ったのは透明なプラスチックだけだったのである。

私はまったくもって馬鹿みたいな気がした。CD のきわめて重要な部分である輝く部分がじつは構造的にラベルの一部だということは、私を除く全世界の誰にとっても明白なことだったのだろうか。ラベルがとれてしまえば、CD はたんなる 1 枚のプラスチックにすぎないのだろうか。

ドレスについても同じようなことがあった。私が「あれは、みっともない花がつけてあることを除けば、とても素敵なドレスね」と考えたときのことである。しかし、花だけ取り除けるか調べてみると、それはドレスに非常にしっかりくっつけてあって、事実上、その構造の一部であることがわかった。そのドレスはまだ店にある。

圏論において構造に注目することの重要な側面のひとつが、構造の一部を捨てると何がうまくいかないかわかることである。これは、それほど構造をもたない（数学的）世界にいる場合に、何かが正確にどう機能するか明らかにすることにつながる。それは、電動の泡立て器を使うだけでなく、手で卵白を泡立てる方法を覚えるのにちょっと似ている。そうすれば、台所に電動泡立て器がないときでも、泡立てることができるだろう。あるいは電気がないときも。もしかしたら、森の中にいるときに、固い卵白がどうしても必要になるかもしれない。まあ、そんなことはどうでもいいけれど。

「電動泡立て器」の数学版のひとつが、二次方程式の解き方に関す

るものである。第7章で、次のような二次方程式が

$$x^2 - 3x + 2 = 0$$

左辺を因数分解できることを理解すれば解けることを説明した。

$$x^2 - 3x + 2 = (x - 1)(x - 2)$$

それから、この答が0になるためにはふたつの括弧のうちひとつは0のはずで、したがって$x - 1 = 0$（その場合は$x = 1$）か$x - 2 = 0$（その場合は$x = 2$）になる。つまりこのふたつが解である。

しかし、これを6時間時計でやっているとしたらどうだろう。答を知るため、xに何かほかの値を入れてみよう。たとえば$x = 4$とすると、次のようになる。

$$\begin{aligned} x^2 - 3x + 2 &= (4 \times 4) - (3 \times 4) + 2 \\ &= 16 - 12 + 2 \\ &= 6 \end{aligned}$$

しかし、6時間時計では6は0**と同じ**だから、$x = 4$の場合、本当は0になる。$x = 5$の場合、やはり0と同じ12になることが確認できる。つまり、6時間時計では、1、2、4、5が**すべて**この二次方程式の解である。何が起こっているのだろう。これらの「余分な」解はどこから生まれたのだろう。どうやってさがせばよいのだろう。そして、どうすればすべて見つけたと確信できるのだろう。

手がかりを得るには、戻って、議論がどう進んでいるか注意深く見るとよい。決定的瞬間は、「括弧のうちひとつは0のはずだ」と言明したところだ。そこでいっているのは、ふたつのものを掛けて0になるなら、そのひとつはもともと0のはずだということである。しかし、それが普通の数で真であっても、6時間時計では真では**ない**。たとえば、

$$3 \times 2 = 6 = 0$$
$$4 \times 3 = 12 = 0$$

となる。これが、たとえば$x = 4$のときに（$x - 1$）と（$x - 2$）のふたつの括弧はどちらも0でないのに、新しい解がいくつか現れた理由である。重要なのは、このふたつの括弧は$x = 4$のときは3と2になり、$x = 5$のときは4と3になることである。つまり、掛け算をして0になるこれらふたつの「余分な」方法が、この二次方程式のふたつの「余分な」解を与えるのである。

私たちは、ある程度慣れているひとつの構造、つまり数を掛けて0となるのは掛けている数の一方がもともと0だった場合だけであるという事実のない数学の世界へ来てしまったのである。したがって、この別世界では、そしてこの構造をもっていない**どの**別世界でも、進み方に注意する必要がある。別の世界で二次方程式を解きたいなら、調べるべき重要な構造部分を分離しなければならない。まだ見つけていない解があるかもしれないが、このなかなか役に立つ道具がないと、正しいものをすべて見つけたと確信するにはもっと苦労しなければならないだろう。

お金

それをどう使うか気にかける

大金──かなりの大金という意味だ──をもっていたら、何かがどうやって動いているか知る必要はない。それが故障しても、たんに金をつぎ込んで修理すればよいのだ。誰かほかの人に金を払って修理させてもよいし、新品を買ってきてもよい。もし金持ちなら、毎日ものに正確にいくらお金を使っているか心配しなくてもよいが、どうも心配しているらしい金持ちもいる。

しかし、普通の人で、少なくとも経済的破綻を避けたいなら、そうしたことを心配しなければならない。たとえいつも非常に節約しているわけではない人も、必要なら抑制できるように、何にお金を使っているか気にかけていたほうがよい。

「金持ち」のやり方で行なわれる数学もある。（数学的）資源が尽きることを恐れず、そのためどの資源が使われているかあまり注意を払わないのである。それに対し圏論は節約しているというか、少なくとも数学的支出を意識している。つまり、どの瞬間にもどんな構造を使ってやっているかつねに意識して数学を研究することを目標にしているである。構造を使っているのがはっきり見えないかもしれないが、ときにはむしろ隠れた使用のほうが重要なこともあり、それが隠されているからこそ、気づかないうちに使う可能性が高い。自分の子どもが携帯電話のゲームで余分に課金されたため、意図せず膨大な額のクレジットカードの請求をされたときにちょっと似ている。あるいは、外国にいるときに電話でインターネットに接続したため、ローミングの請求がたまって途方もない額になったときに似ている。

圏論は資源についてつねに知っていようとするが、それは数学で資源が突然尽きるからではなく（幸い数学的資源はそんなふうにはならない）、行こうと思えばもっと資源が少ない惑星へ行けるようにするためである。目的は異なる数学的世界の間をつなぐこと、そしてそうした異なる世界で余計な努力をしなくても使えるテクニックを開発することである。

次の例は、先ほど見たばかりの二次方程式の例によく似ている。この場合の資源は

$a \times b = 0$ ならば、$a = 0$ または $b = 0$（または両方）

という特性である。ここで、この資源がない世界に行くことは**決してない**と思うのなら、どれぐらいそれを使うかなど気にしないだろう。しかし、（時計の盤面の）**モジュラ演算**、さらにはその資源がない世界へ行く可能性について心配しているなら、好きなテクニックすべてについて見直して、いつこの法則を使い、どうしたら回避できるか考

えなくてはならない。

　もっと難解な数学の例が、「選択公理」と呼ばれるものに関することである。この公理によれば、無限の数を無作為に選択をすることが可能だという。普通の生活では、無作為な選択 ── 帽子に入れられたくじを1枚引くようなこと ── をするのは完全に可能なことだとあなたは思うかもしれない。選択公理は、無限の数の帽子のひとつひとつからくじを引くことが可能だといっており、それはちょっと奇妙に思えるかもしれない。これが奇妙かそうでないかについては、数学者の意見は本当に一致しているというわけではない。

　何らかの「無限」の概念がかかわるプロセスは、厳密にしようとしているときはいつもよく注意する必要があり、この無作為な選択に関するものはとくにはっきりと把握するのが難しく、だからこれ自体が公理なのである。それが真と仮定すべきか否かについてはっきり決着がついておらず、このため一番よいのは、それを使う必要があるときにはいつも**意識**していることである。

　圏論には、この公理が真**でない**世界へ故意に行って、どれだけ多くの数学的手順がそれでもまだ実行できるか調べる分野もある。

骨格

まるごとひとりの人間ではなく、すべてをはぎ取ったときに残る最後の部分

　ある日、ケンブリッジでのディナーで私の隣に感じのいい年配の教

授が座っていたのだが、当時、彼は90歳くらいだった。それは、アルダーヘイ小児病院のスキャンダルがあった頃のことである。ショックなことに、この病院が権限もないのに死亡した子どもから臓器を摘出して保存していたのが発覚したのである。教授は私に、このスキャンダルによって人々が臓器提供をする意欲を失うのではないかと心配しており、アデンブルックスのケンブリッジ大学付属病院に連絡して、自分の死後、この老いた体を役立てられることが何かないか尋ねる気になったのだと話した。臓器提供には歳を取りすぎているが、骨格は医学生に教えるのに使えるだろうから、交通事故でつぶされて死なないようにしてくださいといわれたという（彼は、独特の喜びと輝きを目に浮かべてこれを私たちに話した。私は、いつか起こる自分自身の死について、自分はこんなに朗らかに話せるだろうかと思った）。数年後、彼が自宅で亡くなったと聞いた。今、本当に彼の骨格が教育目的で使われていることを願う。

骨格は完全な人間ではないが、人間がどのように機能するか理解するために重要な部分である。骨格は人間にその構造を与える。思考、感情、感覚などにはほとんど関係ないが、あらゆるものを支える枠組みである。これは、数学において構造を研究する理由でもある。

論理学は数学的推論の構造を研究する数学の一分野である。これに対し圏論は、数学的対象自体の構造を研究する。論理学と圏論は、数学のやり方を研究するためどちらも数学自体よりさらに抽象的だという点で似ている。しかし論理のほうが普通の日常生活で使われていてわかりやすい ── もっと正確にいえば、少し間違って使われることが多いにしても、それは**使用できる**。主張を組み立てる、自分の意見の正しさを証明する、あるいは判断を下すときはいつも、何か論理の要素を入れることができ（あるいは入れるべきで）、そのときはより基本的な考えから始めてより複雑なものへと進む。

数学的構造の研究が日常生活でどのようになされるかは、一目瞭然というわけにはいかない。しかしそれは、いくつもの層を取り去ってどこでも使える重要な構造を明らかにする、いわば頭の体操である。

また、私たちは単純な構造から始めてより複雑なものを注意深く作り上げる心理的プロセスをもっているため、構造の研究は逆方向でも行なわれる。圏論はこれを形式論理学と同じように数学的構造についてのみ行なう ── 形式論理学は**数学的**議論にのみ適用されて日常生活の普通の議論には適用されない。しかし、抽象的な数学的環境における頭の体操は、具体的な非数学的環境のための準備になり、それはジムでのトレーニングによってもっと一般的にジムの外の世界に対応できるようになるのとよく似ている。

バッテンバーグケーキ

偏在する構造の例

さまざまな姿であちこちに現れる数学的構造の例を紹介しよう。まずは2時間時計での足し算、つまり専門用語を使えば「モジュロ2加算」について考えてみよう。これは、0と1のふたつの数しかないことを意味している。ここで2は0と同じとみなされ、4、6、8、10、……も同様である。そして3は1と同じとみなされ、すべての奇数も同様である。

次に、この足し算の表を作ってみよう。必要な数字は0と1だけである(ほかの数はどちらかと同じなのだから)。そして、1 + 1 = 2だが、2は0と同じなので、じつは1 + 1 = 0であることをおぼえておく必要がある。足し算の表は次のようになる。

+	0	1
0	0	1
1	1	0

じつはこれは、ありうる2番目に小さな**群**である。すでに、ありうるもっとも小さな群には対象がひとつしかなく、それは恒等元と呼ばれることを説明した。今度は、対象がふたつある群である。これは、

法則に関する章の最後で提示した問題と関係がある。それぞれの色が各列と各行に1度だけ現れるように升目に色を塗る問題である。

では、このパターンが現れるもうひとつの場合を示そう。1と－1というふたつの数だけを使い、掛け算を使ってふたつを結合する場合について考えればよい。そうすると表はどうなるだろう。

×	1	－1
1	1	－1
－1	－1	1

この表を前の表と比べると、升目内の表記が違うだけで、同じパターンになっていることがわかる。長方形の回転対称についても考えてみよう。長方形は2種類の回転対称しかもっていない。0°の回転と180°の回転である。180°回転したのち0°回転すれば、結果は合計180°の回転である。それを反対の順序でしても同じである。しかし、180°回転したのちにもう一度180°回転すると360°回転したことになり、正確に最初のところに戻る。これは0°回転した、つまり何もしなかったのと同じである。では、これも表にしてみよう。

回転	0	180
0	0	180
180	180	0

これがまた同じ表になるとわかっても、あなたは驚かないかもしれない。このパターンはすでにコンテキストに関する章で見たことがあり、そのときは正の数と負の数、あるいは実数と虚数の掛け算について考えていて、次のような結果の表を作った。

×	正	負
正	正	負
負	負	正

×	実数	虚数
実数	実数	虚数
虚数	虚数	実数

じつは、これらの表の内部はバッテンバーグケーキと同じパターンになっている。

このケーキは同じ理屈でデザインされている。ふたつの同じ色の四角が互いに接しないようにしたいのである。

バッテンバーグの課題

ここで課題をひとつ。ひとつひとつのミニケーキがそれ自体バッテンバーグケーキになっているようなバッテンバーグケーキの絵を描けるだろうか？　私はこれを「反復バッテンバーグ」と呼ぶ。これは、まず色の違う２種類のバッテンバーグケーキから始めなければならないことを意味する。したがって、合わせて４色あり、４×４の格子にはまる必要がある。じつは、すでに第３章の終わりでそのひとつを見ている。４×４の格子の色の例が４つあり、最初のものが反復バッテンバーグだったのである。

このパターンは、長方形の回転だけでなく回転**および**鏡映に注目すると現れてくる。これが現れるもうひとつの場面が、モジュロ８の奇

数の掛け算の表を作ったときである。1、3、5、7という数しか考える必要がなく、それは8時間時計ではほかのすべての奇数がこれらの数と同じだからである。8に達するたびに0に戻ることをわすれないで、この掛け算の表を埋めてみよう。つまり、3×3は9でこれは1と同じ、というようになる。

×	1	3	5	7
1				
3				
5				
7				

次のような､反復バッテンバーグのパターンをもつ表ができるはずだ。

×	1	3	5	7
1	1	3	5	7
3	3	1	7	5
5	5	7	1	3
7	7	5	3	1

このように、バッテンバーグ型の構造はいたるところに見つかり、これらの構造がすべて「本当に同じ」だというには、それが何を意味しているか理解する必要がある。これらがすべて同じであることを知るもっとも簡単な方法が、構造を分離して、上でしたようにそれを表に書き込むやり方である。圏論は、もっと一般的な種類の構造についてよく似たことをする。すでに、矢印を使って対象の間の関係を表現するやり方を見てきた。今度は、ひとつの構造を矢印を使った小さな図に要約してみよう。

たとえば次のような図、

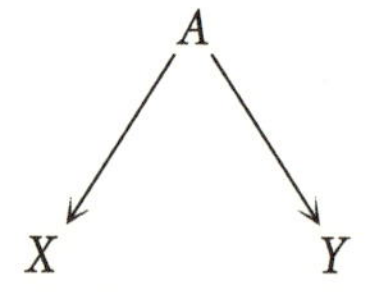

あるいは次のような図について考えてみよう。

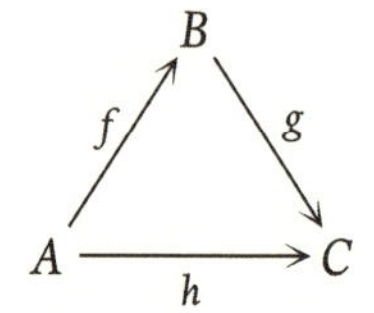

後者の場合、f と g を 180°の回転とすると、次の図になり、

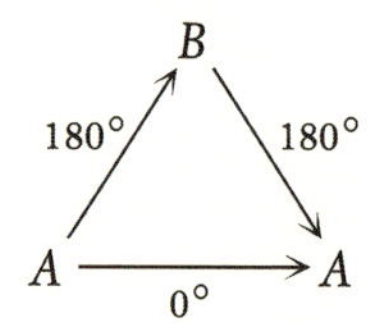

これは 180°の回転を 2 回すると何もしないのと同じだということを示している。

先にあげた例をすべて 2 × 2 の表に書き入れたのと同じように、これら圏論の図も異なるシチュエーションの構造を理解する助けになり、ほかの点では完全に異なるシチュエーションの構造の一部と「同じ」かどうか、もっと容易に知ることができる。しかし、「同じ」は何を意味するのだろう。これが次章のテーマである。

第13章　同じであること

生チョコレートクッキー

【材料】

硫黄無添加の乾燥アプリコット　100g
種を抜いたデーツ　50g
アーモンド粉　60g
コーンスターチ　100g
生ココアパウダー　90g
生ココアバター　60g
ココナツオイル　15g

【作り方】

1. ココアバターとココナツオイルを徐々に溶かす。
2. すべてフードプロセッサーに入れて、クッキー生地のようになるまで混ぜ合わせる。
3. ココアパウダーを振ったクッキングシートに生地を押しつけて平らにのばし、かなり薄くなるまで麺棒でのばす。
4. 小さな正方形に切り、固くなるまで冷やす。

すでにグルテンフリーのチョコレートブラウニーのレシピは見た。しかし、それを動物性食品なしで作りたかったらどうすればいいのだろう？　砂糖なしは？　低脂肪は？　これらは全部可能だが、その結果できたものはだんだん本物のブラウニーと似てないものになる。代用品を作るたび、できたものは似ているかもしれないが、作れば作るほどもともとの概念からだんだん離れていく。

上記のレシピはグルテンなし、動物質食品なし、砂糖なし、低脂肪であるだけでなく、生である。生の食物を食べることの健康上のメリットに関する議論はさておき、私にとって生チョコレートの「味」のメリットは明白である。ローストしてないココアは微妙な味わいがあって香りがよく、だからこのレシピを考えたのである。「クッキー」はその名前に従えば「クック（熱を用いて料理）された」ものだから、「生クッキー」という名前が意味をなすかどうか定かでない。しかし、このチョコレートなんとかは、ほかの点ではクッキーによく似ている。食感がそっくりだし、香りがそっくりだし（私の意見ではむしろよい）、私の毎日の食事において同じような役割 —— ご馳走、スナック、コーヒーに合うもの —— を果たす。

圏論の重要な目標のひとつが、同じということの厳密でちょっと微妙な概念をいくつか作ることである。すでに論じたように、「等しいこと」はどちらかというと厳しい概念で、純粋かつ厳密に互いに等しいものはじつはそう多くはない。あなたが本当に等しいのはあなた自身だけである。しかし、ある特定のシチュエーションではほぼ同じと考えられているものがある。

圏論は物事の間の関係に光をあてるため、そうした関係を通して等しいことより微妙な「同じ」という概念を理解することができる。これら同値の変形は、圏論における物事の間の関係のなかでもとりわけ重要なものである。もちろん、あるコンテキストでは事実上同じだが別のコンテキストでは同じではないものがあるため、どんなコンテキストについて考えているかが非常に重要である。これが誤解されている例で私が気に入っているもののひとつが、オンラインショッピングでコンピュータが人間に代わって何かを「同じ」と判断しようとする場合である。

オンラインショッピング

よい代替品と悪い代替品

オンラインでの食料雑貨の買い物は、私の生活に革命をもたらした。私は、棚にあるあらゆるおいしそうなものに誘惑され、太ってしまうものを買い、お金を使いすぎるため、食料品の買い物が本当に怖い。しかし、オンラインで食料品の買い物をするとき、私は目の前で輝く提案にまったく心を引かれない（ただし、コンピュータのスクリーンから焼きたてのクッキーの香りが漂ってくるようにする方法が発明されたら、困ったことになるかもしれない）。さらに、買ったものを家まで運ぶ必要がない。

しかし、私の考えでは、各社の代替品の選び方については疑念を抱かざるをえない。それがどのような仕組みになっているかご存知だろう。注文したものが入手できないとき、代わりに別のものを送ってくるのだが、こちらが望めばそれを辞退できるのである。

一度、クリスマスの直前に、芽キャベツの500グラム袋を4つ注文した。そう、私は芽キャベツを大量に食べるのだ。おいしいし、お腹の足しになるし、とても健康的だと思う。ご馳走として、ほんの少し甘味をつけた自家製のビターチョコレートにちょっと浸すこともある。とにかく、芽キャベツの500グラム袋がなかったため、代わりに芽キャベツの100グラム袋を4つ送ってきた。そう、全部で4袋だから、2キロの代わりに合計400グラムの芽キャベツが届いたのだ。

しかし、私が聞いたことがあるもっともこっけいな代替品の話は、歯ブラシを注文した友人のところに、代わりにトイレブラシが送られてきたというものだ。コンピュータシステムは、対象が果たす役割ではなく、固有の特徴（どちらもブラシだ）の観点から考えすぎたようだ。

私たちはすでに、圏論はたんに対象がそれ自体どのようなものかに注目するのではなく、ほかの対象との関係を通してコンテキストの中で物事を調べるということを見てきた。その目標のひとつは、特定のコンテキストにおいてどれが「同じ」とみなされるか明確にできるようにすることである。これは、数学のまさに核心である。初歩的な例を挙げれば、これはじつは方程式を解くときにすることである。何かがほかの何かと等しいという式から始めて、それをしだいに役に立つ形になるように何かがほかの何かと等しいという一連の式に置き換え、最終的に何らかの特別有用な情報が得られるまで続けるのである。

等式は同じ概念を理解する別のやり方を示してくれる。たとえば、

$$3 \times 4 = 4 \times 3$$

は、それぞれ4個リンゴが入った袋を3つ取れば、それぞれ3個リンゴが入った袋を4つ取ったときと同じ数のリンゴが手に入るといっているのだが、このふたつのシチュエーションは**正確に**同じではない。同様に、次の等式

$$5 + (5 + 3) = (5 + 5) + 3$$

は、5 + 3をしてからそれに5を足せば、それはまず5 + 5をしてそれに3を加えるのと同じだといっている。そしてこの場合も、両者は**正確に**同じプロセスではない。じつは、だからこの等式は有用なのである。右辺のやり方（先に5 + 5をする）のほうがおそらく簡単で、それは10が出てから10 + 3をすればよいからである。この等式の左辺に従えば、5 + 8をしなければならなくなり、おそらくたいていの人にとってこちらのほうが難しい。

こうして、この等号はすでに多くの情報を隠していることがわかる。この式は左辺が右辺と**正確に**同じだといっているのではなく、そもそも見るからに同じではない。左側の手順に従えば、右側の手順に従ったときと同じ答になるといっているだけである。これは、純粋に偽りのない等式は次のような左辺が右辺と**正確に**同じものだけであるという、ちょっと違和感のある事実を示している。

$$1 = 1$$

あるいは

$$x = x$$

そして、これらの等式はまったく役に立たない。役に立つ等式とは、

何かをするふたつの**異なる**やり方が「ほぼ同じ」だということを教えてくれるものである。

圏論の目標のひとつは、シチュエーションが異なれば違う意味が有用で適切であるということを考慮に入れて、「ほぼ同じ」が意味することの厳密には異なる複数の概念を作ることである。圏論では、何かが「等しい」というときに多少は嘘を含んでいることもあるのを、私たちは知っている。それは一種の方便で、もっと微妙なシチュエーションになるまではあまり問題にならないが、そのときはその嘘が積もり始めて、それに絶えず注意する必要が出てくる。普通、数学専攻の上級の大学生か修士課程の学生になるまで圏論を学ばない理由のひとつが、その頃までは、たいていはあまり多く問題を起こさずに数学的方便の山を無視して逃げられるからである。

すでに見てきたように厳密には「等しく」ない「同じ」の概念の例をいくつか示そう。

* 相似な三角形、これは角は同じだが辺の長さは違う。
* 位相幾何学的な同一性、そこではドーナツがコーヒーカップと「同じ」で、それは一方をつぶしてもう一方の形にすることができるからである。
* 正三角形の対称と 1、2、3 という数字の並べ方、なぜなら三角形の頂点に 1、2、3 とラベルをつけて、三角形を裏返したり回転させたりするとどこへ移動するか見ればよいから。
* 前の章で見た、さまざまなバッテンバーグケーキ類似のもの：モジュロ 2 加算、± 1、一般に正の数と負の数、実数と虚数の掛け算、長方形の回転から生じる。

圏論では、プロセスが逆向きに進むことがある。特定のコンテキストで「同じ」とみなされるものが何か問うのでなく、同じとみなす**必要がある**ものが何か知ることから始めて、それを真にするコンテキストは何か問うのである。それはあまりわかりやすいものではないこともある。たとえば、ドーナツやコーヒーカップのような形を研究するもっともわかりやすいコンテキスト（もっと正確にいえば圏）では、結果としてドーナツとコーヒーカップが「同じ」とみなされ**ない**。両者を同じとみなす必要があるということは、数学者が両者を研究するためのずっと微妙な圏を作ったということである。じつは、こうしたより微妙な圏を作ることの背後にある**理論**は、それ自体が数学の重要部分であり、この分野における現在の研究の主要領域のひとつである。

本章では、圏論がどのようにしてこうした考え方を明確化するか見ていく。

ネルソンのメッセージ

より大きな利益のために同一性をいくらか犠牲にする

1805年10月21日、ちょうどトラファルガーの海戦が始まろうとしていた重要な瞬間に、ネルソン提督が、今ではよく知られている、艦隊を鼓舞する次のようなメッセージを発した。

> イングランドは各員がその義務を尽くすことを期待する。

これは、彼らの有名な —— しかしネルソンにとっては死をもたらす —— 勝利に向けて船を進める前に、信号旗を掲げて伝えられた。しかしネルソンがもともと考えたメッセージは

> イングランドは各員がその義務を尽くすと信ずる。

で、趣旨がわずかに違っている。「confide」［「信ずる」と訳した部分。confideには「信頼する」、「（信頼して）秘密を打ち明ける」という意味がある］は今日ではやや廃れてしまった意味で使われていることを思い出すとよい。彼は、イングランドが秘密を打ち明けているという意味でいった

のではなく、イングランドは各員が義務をつくすと確信しているという意味でいったのである。これは「expect（期待する）」とは違う意味合いをもっていて、おそらく「信頼している」に近いだろう。それは命令ではなく、言外の命令でさえもなく、艦隊への信頼の単純な表明で、まったくイギリス人らしい控え目な表現だと私は思う。「行って、敵を打ち負かせ！」ではない。大きな試合の前に、誰かから「あなたが立派にやると信じている」ではなく「あなたが立派にやることを期待している」といわれたらどんな気がするだろう。

とにかく、ネルソンは信号士官のジョン・パスコに、艦隊へ信号旗でこのメッセージをリレーして伝えるようにいい、あとで伝えてほしい信号がもうひとつあるので急ぐよう命じた。するとパスコはうやうやしく、効率を上げるために言葉を変えてはどうかと提案した。問題は、「expect」なら信号書にあって一度に符号で伝えられるが、「confide」だと一文字ずつ伝えなければならず、ずっと手間と時間がかかることだった。ネルソンは変更を承認した。

このメッセージは彼にとっては意味の点で十分同等なものだった。しかし、信号仕官にとっては、新たなメッセージのほうがずっと簡単だったのである。

数学でもしばしば、よく似た目的で、ある特定のコンテキストではほぼ同じものを見つけ出す。そうすると思考（または計算）の中で、対象を、そのコンテキストではほぼ同じだが何かほかの点でずっと簡単なものと交換できるのである。おそらくそのほうがより簡単に扱える、より簡単に表示できる、あるいはより簡単にそれについて考えることができる。

たとえば、位相幾何学的に1枚の無限に大きな紙は、1枚の非常に小さな紙と同じである。それどころか、どちらもひとつの点と同じである。**位相幾何学的に**これらがすべて同じだということを知っていて、さまざまなシチュエーションでこれらの間で交換ができるのは非常に便利なことである。ときにはひとつの点なら非常に小さいため、それについて考えるのがもっとも簡単な場合がある。しかし、ときには「1

枚の紙」全体のほうが便利なこともある。現実の生活では（ちっぽけな点と異なり）実際にそれに何かを描くことができるからで、数学でもほとんど同じことである。ここで「紙」といったが、本当は平らな正方形の面のことをいっている。それはパッチワークのようにほかの面を作るのに使える基本単位なので、位相幾何学において非常に便利な対象である。だが、それを点ですることはできない。なぜなら、ある点を別の点にくっつけると、ふたつ目の点がひとつ目の点の真上にくるしかないため、ひとつの点にしかならないからである。点から面を作ろうとしても、決してうまくいかない。これは、小さな１×１のレゴブロックしかもっていないときに、レゴで何かを作ろうとするのに似ている。できることは、ブロックを細い塔のように積み上げることだけである。点の場合、高さがないため横にも上にも行かないので、なお悪い。

この事実が数学の専門用語でどのように表現されるか紹介しよう。ここで使っている同一の概念は「プレイドウ」のもので、**ホモトピー同値**と呼ばれる。1枚の紙は数学でいうところの平面である。したがって、平面は点とホモトピー同値であるという。

より小さなものをくっつけて空間を作り上げるのは、「コリミットをとる」と呼ばれるプロセスである。そしてここで生じる数学的障害が「コリミットをとるとホモトピー同値が維持されない」ことであり、これは平面は点とほぼ同じだが、点をくっつけるのとはまったく異なる方法で平面をくっつけることができることを意味する。たとえば、2枚の紙を2組の縁にそってくっつけると、円筒ができる。円筒はその中に穴をもっているから、点とはまったく異なる。

チョコレートケーキ

小さな違いが誤って合わさって大きな違いになるとき

小さな子どもに数切れのチョコレートケーキから好きなのを選んでよいというと、ほとんど確実に、子どもたちはどれが一番いいかそれぞれ確信している。一番いいと思っているものと違うケーキを与えると、がっかりして泣きだすこともある。

今、チョコレートケーキの一切れ一切れの重さを量ったとしよう。ひとりの子どもに100グラムの重さのものを一切れ与え、もうひとりの子どもに95グラムのものを与えたら、ふたりは違いに気がつかないだろう。したがって、この2切れはあなたにとってはもちろん、子どもにとっても「ほぼ同じ」である。次に、子どもに95グラムのものと90グラムのものを与えたら、まだ違いに気づかないだろう。以後、90と85、85と80、という具合に続けていく。このようにして50グラムまでずっと続けることができるが、最初の一切れ、つまり100グラムのものを見せたら、子どもたちはそのほうが絶対に大きいというだろう。

何が起こったのだろう。ものが同じときに起こるはずのない奇妙なことが起こったのだ。

$$
\begin{aligned}
a &= b \\
b &= c \\
c &= d \\
d &= e \\
&\vdots
\end{aligned}
$$

と続けていったら、最後は

$$y = z$$

となって、$a = z$ となるだろう。だが、子どものチョコレートケーキはそうならない。これは問題だ。このため、圏論では、何にでも「同じ」という概念を認めるのではない。たとえばチョコレートケーキの例はうまくいかない。このシチュエーションを包含するには別の公理化を用いる必要がある。

圏論で用いる「同じ」の概念は、十分に等しさに似た働きをするため、私たちが等しさを扱うときにいつもしているのとちょっと似たやり方で、おそらくもう少し注意するだけで扱うことができるものでなくてはならない。それは、上記のような「同じ」の連鎖を用いることができ、ブラウニーのレシピにポテトフラワーを使ってもまだブラウニーとだいたい同じものができる場合のように、「同じ」であるもので代用して「同じ」結果を得ることができるということである。

圏論では、こうした同じの概念を、対象の間の「関係」を用いて表現できる。関係を矢印で表して、実際にそれを射あるいはモルフィズムと呼んでいることを思い出してほしい。射の中には「同じ」と似ても似つかないものもある。たとえば、すべての数に目を向けて、$a \leqq b$ のときは $a \rightarrow b$ という射を書いたことがある。

すると明らかに、これらの射の中には「同じ」とぜんぜん似ていないものもある。なぜなら、3 ≦ 10 はこれに該当するが、10 は 3 とはまったく似ていないからである。残念ながら、それは考えてもあまり面白くない例である。数は非常に基本的なものなので、この圏においては同じであることの唯一の概念が実際には等しいことだからである。同じの概念でもっと面白いものについて考えるには、むしろ都市を通る経路のような A から B へ到達するプロセスに似た対象の間の関係について考える必要がある。今度は次のような問題を考えてみよう。

そのプロセスは逆にできるか？

圏論では、物事が「ほぼ同じ」とみなされるのは、A から B へ到達するプロセスを逆にすることができるときだけである。一方向しか行くことができず、戻れないなら、「ほぼ同じ」とはみなされない。

冷凍卵

ほぼ可逆的なプロセス

チョコレートを十分注意して溶かすと、もう一度固めることができ、ほとんど最初と同じ状態にまで戻る。バターはもう少し扱いにくい。分離しやすく、あとで再び固まったときにまったく同じではない。

アイスクリームはどうだろう？　食中毒になるといけないので、アイスクリームを溶かして再び凍らせようとなどとあなたは思わないだろうが、私は何度もしたことがあり（アイスクリームを無駄にしたくないので）、再凍結したアイスクリームは私には前とまったく同じに見える。そして、それを食べて（まだ）具合が悪くなったことはない。しかし、凍るときに少し空気を失うので、結果としてできたアイスクリームは以前より少し固い。

凍ったものを解凍して再び凍らせる話はこれくらいにしよう。凍らせて使うようになっていないものを凍らせて、再び溶かすのはどうだろう？　これはもちろん水ではうまくいき、好きなだけ繰り返すことができる。牛乳は、溶かしたあとで少し怪しく見えるかもしれない。均質化されていない牛乳だったら、腐ってしまったような嫌な感じになる。それでも私はそんなになった牛乳を喜んで料理に使うが、お茶に入れなさいと誰かにあげたりはしない。そんなことをしたらきっと、気が違ったと思われるだろう。

あなたは卵を冷凍したことがあるだろうか。解凍後にできるものは、ちょっとぎょっとするようなしろものだ。白身は完全に正常に見えるところまで戻っているようだが、黄身は生卵の黄身で見られるように平たい小さな塊状にならない。まるでゆで卵の黄身ででもあるかのように、白身から突き出しているのだ。初めてこれを試したときに半分に切ってみたが、中身もゆで卵の黄身のように見えた。どんな味がしたか思い出せないが、私のことだから食べてみたことは確かだ。じつをいうと私はたいてい白身だけを食べるので、黄身が変になっても私にとってはあまり問題ではなかった。私にとっては、冷凍したのち解凍した卵は普通の卵と同じくらいよかったのである（それどころか、この奇妙なゆでたような状態では、生の場合よりずっと簡単に黄身を取り除くことができたので、かえってよかった）。

以上のことで重要なのは、水を凍らせるのは完全に可逆的なプロセスだが、ほかは「ほぼ」可逆的なプロセスにすぎないということである。つまり、そのプロセスをやってみて元に戻すと、最初のものと「ほぼ」同じにすぎないものになるのである。これは、圏論が扱えることである。というのは、圏論は「ほぼ同じ」という適切な概念を扱うからである。正確には正しい答が得られないが、ほぼ正しい答が得られる場合がたくさんある。圏論は、腕を振り回したりして「えー、なんていうか……」ともぐもぐいわなくても、これを的確にいう方法を与えてくれるのである。

数学では逆が可能なことを「リバーシブル」といわないで「インバーティブル」という。可逆な数学的プロセスのひとつが「2を足すこと」である。これを次のようなプロセスとして表すことができる。

$$3 \xrightarrow{+2} 5$$

このとき、逆のプロセスは次のように示すことができる。

$$5 \xrightarrow{-2} 3$$

そして、これが最初のところへ戻ることを示すため、次のように表すことができる。

$$3 \xrightarrow{+2} 5 \xrightarrow{-2} 3$$

じつは数学では、たんに最初のところへ戻ることよりも関心を向けていることがある。そこへ行って戻るプロセスが、最初の場所でどこにも行かない**プロセス**と同じかどうか知りたいのである。これは数の場合はあまり意味をなさない。その場合のプロセスはその種の違いを見つけ出せるほど微妙なものではないからである。それは、数よりも繊細なものを研究するときにだけ本当に生じる、繊細なシチュエーションである。

それでも、可逆**でない**ものを示そう。数を２乗することについて考えてみるといい。たとえば

$$3 \xrightarrow{2\text{乗}} 9$$

であるが

$$-3 \xrightarrow{2\text{乗}} 9$$

でもある。そこで、このプロセスを９から始めて逆にしたとき答が３と－３のどちらなのかどうしたらわかるのだろう。それはわからない。したがって、２乗は**可逆**ではないのである。

カスタード

異なる順序で結合すると違いが生じるとき

レシピによっては卵の白身から黄身を分けるよう求めるものもある。それはメレンゲの場合のように白身しか使わないからかもしれないし、カスタードの場合のように黄身しか使わないからかもしれない。ときには、黄身をフィリングに使い、白身をメレンゲのトッピングに使うレモンメレンゲパイの場合のように、矛盾のない納得のいくやり

方で、別々にだが両方使うこともある。そうかと思うと、黄身をチョコレートと混ぜ、卵白を角が立つまで泡立ててから混ぜ合わせるチョコレートムースの場合のように、違うやり方で混ぜ合わせることができるように白身と黄身を分けるよう求めるレシピもある。

カスタード（およびそのほか分けた卵を使う多くのもの）を作るとき、すべてのことを完全に正しい順序と正しい組合せで行なわなくてはならない。まず卵黄と砂糖をかき混ぜ、それから牛乳を加えて混ぜ合わせなくてはならない。先に砂糖と牛乳をかき混ぜてから卵黄を加えて混ぜ合わせると、どう見ても同じものにはならない。

ケーキ作りはこれほど敏感ではない。たいてい砂糖とバターをクリーム状にして、卵、それから小麦粉を加える。しかし、じつは先に砂糖と卵をかき混ぜて、それからバターを加えてもよいのだが、バターが溶けていないとうまく混ざらないのである。じつは、電動泡立て器とフードプロセッサーの登場で、これらのテクニックはすべてほとんど不要になってしまった。基本的に、すべてを一度にフードプロセッサーに放り込んで、スタートボタンを押せばよいのである。

カスタード作りを次のような図で表現できる。

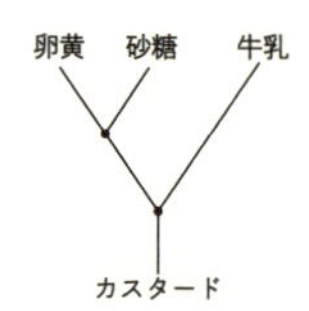

そして砂糖の「枝」が卵黄の枝ではなく先に牛乳の「枝」についていたら、それは同じではないということができる。つまり、次のようになる。

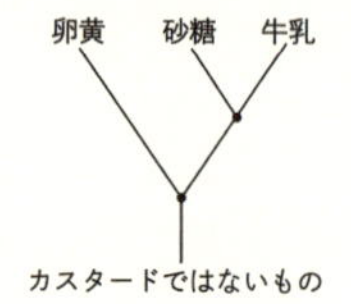

ケーキの例の場合、次のような4本枝の図になる。

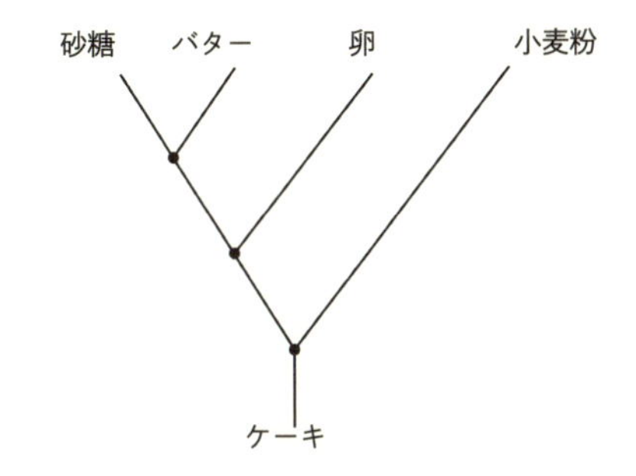

これらの図は数学では「木」と呼ばれる。ちょっと樹木に似た姿をしているからである。ここで「卵黄」、「砂糖」、「牛乳」、「小麦粉」とラベルがつけられた上側の端は**葉**と呼ばれ、下側の端は**根**と呼ばれる。これもやはり、あるシチュエーションでの構造を明らかにするわかりやすい方法である。圏論はこの種の関係を注意深く調べる。それは、この関係が基本的な数学の世界ではあたりまえとみなされているが、別の世界では真ではないことだからである。これもやはり結合性の概念である。普通の数の世界では、足し算は結合法則に従う。

$$(5+5)+3=5+(5+3)$$

もっと一般的には、記号を使って、**あらゆる**数についてこの法則が成り立つことを示すことができる。

$$(x+y)+z=x+(y+z)$$

そして、先ほどカスタードについて書いたことは次のようになる。

（卵黄＋砂糖）＋牛乳≠卵黄＋（砂糖＋牛乳）

ここでプラス記号は正確に**プラス**を意味していない。それが肝心な点である。これは、たんにものを寄せ集めるだけではなく、結合するというもっと微妙なプロセスである。そのため、ふたつのやり方が等しくないのである。これらの材料を結合するプロセスが、「ボウルに放り込む」というような、もっと雑なものだったら、ふたつのやり方は互いに等しいのだろうが、できるものはカスタードとはあまり似ていないだろう。

圏論は、2種類の木が**正確**には同じではないが「ほぼ同じ」であるシチュエーションを、注目している関係を使って、カスタードの場合よりもう少しうまく調べることができるようになっている。それは、これから見ていくような、いくつかの面白い幾何学的形状を生みだす。

4種類の材料があるような、4つの葉をもつありうるすべての木を書き出してみよう。一度にひとつしか加えられないとする。ありうるすべての木は次のようになる。

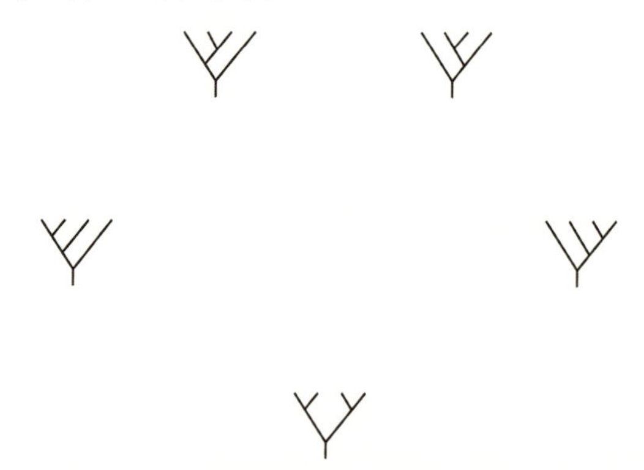

ここで、このシチュエーションの構造を見やすくするため、枝があるたびに付着点を左から右へ動かして矢印を引く。これはじつは括弧をあちこち動かす**プロセス**である。

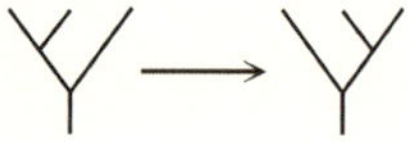

すると次のような五角形になる。

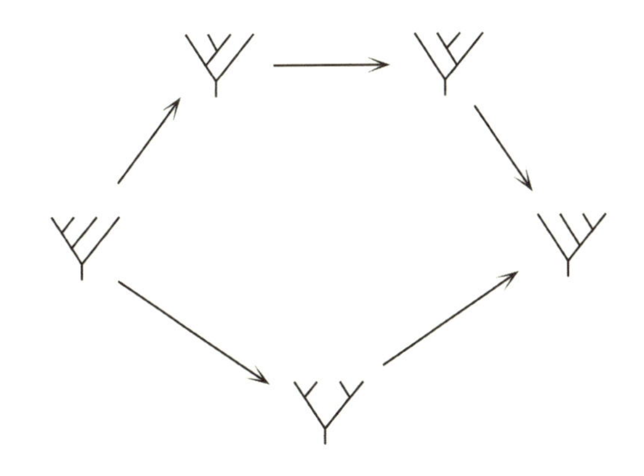

これは圏論では非常によく知られた五角形で、ものを異なる組合せで一緒にするプロセスについて考えるときに重要な役割を演じる。それは足し算によるものであろうが、もっともっと微妙なあるいは複雑なプロセスによるものであろうが、数学において非常に広く行なわれることである。構造を分離してそれをこのように木とその間の矢印で表現できるということは、**代数**の一部を、すべての情報をすっきりと要約する幾何学的形状にできるということである。

さらに、(いくらか努力を要するが) このゲームを再度実行し、葉を **5** つもつありうる木をすべて書き出すことができる。このときも枝を左から右へ動かすたびに矢印を引くと、注意深く行なえば、6 つの五角形と 3 つの正方形をもつ 3 次元の形状ができるはずである (退屈で時間がかかるように思えるが、私は自分がこの種のゲームをするのが大好きなことを認めよう。一度など、腰をすえて、葉を 6 つもつすべての木についてこれをしたこともある)。次のような型紙から切り出して、3 次元の図形にすることができる。

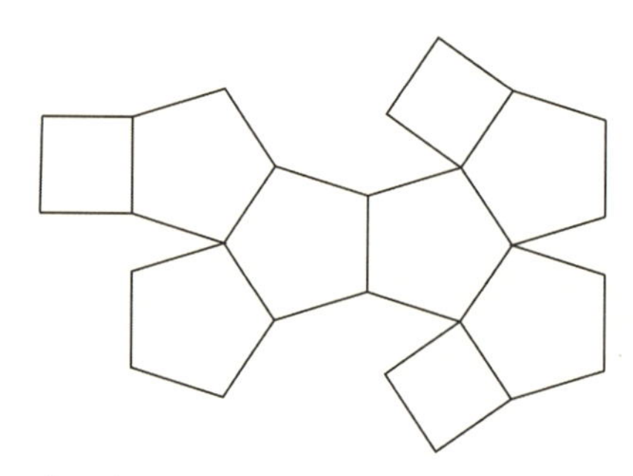

ただ、厚紙で作ろうとしてはいけない。それだとちゃんと合わせられないから、少し柔軟性のある紙で作る必要がある。それか、五角形と正方形を全部合わせるために少し歪めなくてはならない。

そしてこれはすべて、5つの材料を組み合わせる異なる可能なプロセスを理解する方法についてじっくり考えていて生まれたことなのである。これらの形を一般化して、考慮する葉の数をどんどん増やしていくことができ、するともちろん形はどんどん複雑になっていく。いくつもの研究分野がそうした複雑な形の体系づけの問題を扱っている。

同じだったり同じでなかったりするもの

次のような数の集合について考えてみよう。

$$\{1, 2, 3\}$$

あなたは次の集合のうちのどれが多少は似ていると思うだろう？

(1) $\{2, 3, 4\}$
(2) $\{2, 4, 6\}$
(3) $\{-1, -2, -3\}$
(4) $\{11, 12, 13\}$

(5)　{ 101, 102, 103 }
(6)　{ 100, 200, 300 }
(7)　{ 13, 28, 42 }
(8)　{ ネコ , イヌ , バナナ }

（1）が似ているのは、すべての数が 1 ずつ上にずれているだけだから。(2) が似ているのは、すべての数に 2 が掛けられているから。(3) が似ているのは、最初の集合を負にしただけだから。そして、(4) と (5) はそれぞれ 10 と 100 ずつ上にずれていて、(6) は 100 が掛けられているだけだから。

(7) はどうだろう？　これは、わけのわからない、どちらかというとランダムに見える集合である。(8) は数の集合でさえない。

ここで注目すべき重要なことは、集合が似ているか否か考えるとき、私たちがいつのまにか集合の中のものの間の「関係」について考えていることである。しかしじつは、数学では「集合」はたんなる対象の集まりにすぎず、対象の間のどんな関係についても「忘れ」られている。このため、数学的にはこれらの集合はすべて、それぞれ 3 つの対象をもっているという理由だけで「同じ」である。これは同じの概念としてはあまり微妙なものではなく、だから圏論では物事の間の関係に関する情報も組み込むのである。

これらの集合は、「同じ」について不適切な考え方をしたため、**あまりに多くの**ものが同じとされる例である。ほかに、不適切な考え方をしたために必要なだけのものが同じとされない場合もある。たとえば、本章でこれまで見た木で、重要だったのは葉がいくつあるか、そしてどのように枝がついているかということで、ついている角度でも、問題の線がどれくらいの太さかということでもなかった。ときにはどういう考え方で同じなのか、こうしたことのどれと比べてもわかりにくいことがある。次のような数の集合はどうだろう？

{ 13, 28, 41 }

これは上の（7）の集合とかなり似ているが、決定的な違いがある。3番目の数がじつは最初のふたつの合計で、最初の集合

$$\{1, 2, 3\}$$

の場合と同じなのである。次章では、どうしたらこのようなシチュエーションを表現できるか見ていくが、ここで面白いのは、ふたつだけではなく、いくつもの対象の間の関係だということである。

第 14 章　普遍性

フルーツクランブル

【材料】

冷たいバター　50g
砂糖（黒砂糖がよい）　50g
小麦粉　75g
適当な果物（必要に応じて切る）　350g

【作り方】

1. 小麦粉と砂糖を混ぜる。
2. バターをさいの目に切ったのち、指先で乾いた粉にもみ込んでパン粉のようなそぼろ状にする。
3. オーブン用の皿に果物にのせ、必要なようなら砂糖を少量かける。
4. クランブル生地で厚くおおう。
5. 180℃で 25 ～ 30 分、キツネ色になっておいしそうに見えるようになるまで焼く。

　クランブルは私のとても好きなプディングのひとつである。簡単なうえに元気が出るので大好きだ。表面でクランブル生地が果物といくらか混ざり、上のサクサクしたそぼろと下の柔らかい果物の間にねばねばした層ができる。使用する果物で私が一番好きなのはブルーベリーだ。プラムもいい。バナナも。基本的に使ってみたいと思う**どんな**果物でも使えるが、スイカはちょっと変だろう。トマトはどうだろう？

この時点であなたは､｢でも､トマトは野菜だ｣とか｢え､おかしいな｣とか思っているかもしれない。

トマトが野菜だと思っているなら、トマトをその本来の特性ではなく､それが食事で一般に演じる**役割**によって特徴づけているのである。しかし、トマトは**厳密には**果物である。それはどういうことだろう。それは、植物の生殖のメカニズムの一部として「自然界で」果たしている役割により果物だという意味である。しかし、フルーツクランブルのレシピでトマトを「適当な果物」として使ったとしたら、かなり変ではないかと思う。トマトクランブルはたぶん食べられるものになるだろうが、きっと砂糖なしの場合だけなのだ。

これは、日常語において何かをその本来の特性ではなく、それが特定のコンテキストで演じる役割によって特徴づける場合の例である。あなたがどんなときもトマトを果物だといいはったり、ピーナツは本当は豆の一種だからとナッツと呼ぶのを拒むなら、これらの食物のコンテキストと、ほかの食物や私たちとの関係を無視していることになる。

物事の果たす役割を調べるには、コンテキストと関係を重要視する圏論がそれをするのにいい位置にある。私たちはすでに、ほかのものとの関係によって**完全に**特徴づけることのできるものがあることを見てきた。たとえば0という数は、ほかのどの数に加えても何も起こらない唯一の数である。これは圏論が注目する、**普遍性**と呼ばれるとりわけ特別な関係である。

シンデレラ

その靴がぴったり合う唯一の人物

チャーミング王子がシンデレラをさがしているとき､人々に「あの、すいません、あなたがシンデレラですか？」と聞いてまわったりはしなかった。それだとずっと面白くない物語になっていただろう。

そうではなく、みんながよく知っているように、シンデレラのガラスの靴をもってまわり（ガラスと毛皮のどちらが本当だったのかという継続中の議論はわきに置いておく）、それが履けるかどうかみんなに試させる。鍵はそれが**きわめて小さい**ことであり、このため王子はこれに足が合う人はひとりしかいないと知っている。

王子はシンデレラを、その名前ではなく、彼女がもつ**特徴**で探している。なぜなら王子は彼女の名前を知らないのだから。これは、首相を「デイヴィッド・キャメロン」ではなく「首相」と呼ぶのに似ている。彼がひとりの人間として誰かということではなく、彼の役割によって呼んでいるのである。

圏論は数学でこれをする。それは、物事の関係に目を向け、対象をほかのすべてのものとの関係において果たす役割によって特徴づけようとするからである。これは、「ある数のことを考える」ゲームをするのに似ている。次の問題をやってみよう。

私はある数のことを考えている。
その数に1を足すと1になる。
その数に2を足すと2になる。
じつはその数に任意の数xを足すとxになる。
その数は何か？

では、次の問題はどうだろう。

私はある数のことを考えている。
その数に1を掛けると1になる。
その数に2を掛けると2になる。
じつはその数に任意の数xを掛けるとxになる。
その数は何か？

おそらくあなたは、1番目の数が0で、2番目の数が1であることがわかっただろう。このふたつは非常に特別な数で、今、「ある数のことを考える」ゲームで述べたことによって特徴づけられる。それどころか1という数が何であるか説明する方法はほかにない。そして圏論がこれを完璧なものにする。

しかし、次の問題はどうだろう。

私はある数のことを考えている。
それを２乗すると４になる。
その数は何か？

今、きっとあなたは、その数が2かもしれないとわかっただろう。しかし、その数が－2でもありうることを思い出しただろうか。この問題の厄介なところは、可能な正解が**ひとつより多い**ことである。チャーミング王子がシンデレラをさがしに行ったとき、彼は足がその靴にぴったり合う可能性のある人物がひとりしかいないと信じ込んでいた。そして、「ある数のことを考える」ゲームでは、私たちは説明にぴったり合う可能性のある数がひとつしかないと信じる。そうでないとまともにゲームができない。圏論では、それが演じる役割を明確に特定できるように、可能な答がひとつしかありえないようなやり方で物事を特徴づけようとする。

すでに述べた数の公理を振り返ってみると、決して実際に**唯一**可能な数0がなければならないといってはいない。それではルールとして冗長だからである。実際には、次のようにして、ほかのルールから演繹できる。

任意の数 x について、次のことがわかっている。

$$0 + x = x$$

ここで、0と同じように振る舞う数が**もうひとつ**あるとする。それはゼロのもうひとつのバージョンになろうとしているものだから、Zと呼ぶことにする。次に、それは0と同じように振る舞うため、任意の数xについて次のことがわかっている。

$$Z + x = x$$

しかし、**任意の**数xについてこれが成り立つのだから$x = 0$を代入することができ、次のようになる。

$$Z + 0 = 0$$

しかし、0を何かに足しても何も起こらないことがわかっているため、左辺はZになり、次のようになる。

$$Z = 0$$

証明されたことは、0のこの性質が、ちょうどシンデレラの靴のように、0を一意に特徴づけるということである。この性質を満たす数はひとつしかないのである。それがこの性質を満たすとわかっているかぎり、それにどんな名前を用いても（ゼロだろうが、たとえば無だろうが）本当は関係なく、みんな同じ数のことをいっているはずである。

逆元についても同じことがいえる。3の加法的逆元が-3であるのは、両者を足すと0になるからである。しかし、じつは-3はこの性質をもつ**唯**一可能な数で、それは次のようにして証明できる。

やはりこの性質をもつ何か別の数Yがあるとすると、次の式が成り立つ。

$$3 + Y = 0$$

そこで、両辺に－３を加えてみよう（両辺から３を引くことに等しい）。左辺は Y になり、右辺は－３になるため、

$$Y = -3$$

となる。つまり、もうひとつ別の数 Y を３の加法的逆元にしようと**試み**ても、それがもともと－３であったことが判明するだけなのである。

対象を**一意に**特徴づける性質は、普遍性の重要な側面のひとつである。ここでいう「普遍」はその性質があらゆる対象に普遍的に適用できることを意味しているのではない。むしろ、すべての錠に使える普遍的な鍵や、コンピュータでほかのパスワードをすべて解除する普遍的なパスワードに似ている。何らかの点で、ほかのすべての対象に対して最高の位置にあるものである。

普遍性は最高と最悪、あるいは最初と最後のようなものである。

北極、南極

極端なものに注目する

北極と南極は大変面白い概念である。実際に北極や南極へ行こうという考えは、最高のものを征服しようとする ── たとえば最高峰に登るような ── 探検家にとって挑戦すべきことのひとつである。北極と南極に関して面白いのは、西極と東極がないことである。これは地球が南北方向ではなく東西方向に回転しているからである。もし南北方向に回転していたら、代わりに東極と西極があって、磁場の向きはまったく違っているだろう。

極の自然の特性を調べることは、たとえ世界の大部分が極にまったく似ていなくても（ありがたいことだ）、世界について理解する助け

になる。南極の唯一人間が住む場所が科学の研究施設なのには理由があるのだ。

圏論も一つひとつの数学的世界の「北極と南極」を見つけようとする。たとえその数学的世界の残りの部分が同じように振る舞わなくてもだ。こうした極端なものが、その世界の残りの部分についての洞察を可能にするのである。

物事の間にどんな関係があるかわかったら、どれが最大／最小か、あるいは最強／最弱かというように、さまざまな種類の極端なものをさがすことができる。たとえば、

* ありうる最小の**集合**は、その中に何もない空集合である。数学では、普通の生活におけるよりもう少し積極的にこれを扱うと思えばわかりやすい。それは、切手のコレクションをまったくもっていないというのではなく、切手の収集をしているがたまたま空っぽだといっているようなものである。おそらく、スーパーマーケットにいるときに空のショッピングカートを押しているようなもので、それはショッピングカートを押していないといっているのとは違う。
* ありうる最大の集合についてはどうだろう。**無限**集合は非常に面白く、異なる無限集合の比較を試み、どれかが非常に厳密な数学的意味でほかより「もっと無限」だということがわかるのは驚きである。

このふたつは「普遍性」の例である。問題にしている世界に関して何かが特別だと教えてくれる。たんに何かが大きいといっているのでない。それはひとつの属性にすぎない。最大、あるいは何かほかの数学的に最高のものだといっているのである。私たちはもっとも高い山、もっとも深い海、もっとも長い川、もっとも落差がある滝など、地球の最上級の自然物を見つけることに心を引かれる。そうやって、極端なものによって地球を特徴づけているのであり、地球上のほかのすべてのものにコンテキストを与えているのである。圏論は、たとえそれが必ずしも典型的なものでなくても――それが重要な点である――各

世界の極端なものをさがす。

群について話している場合、そのシチュエーションは少し奇妙である。その中に何もない群はありえず、それは群の**公理**のひとつが恒等元（それを任意のほかの対象と結合したときに何もしないもの）を含まなければならないといっているからである。これは、空のラビオリ［ひき肉やチーズを詰めたパスタ］はありえないという事実に似ている。というのは、ラビオリの本質はその中に何かが入っていることだからである。とにかく、これが意味しているのは、ありうる最小の群はその中に対象をひとつだけもつ、すなわち恒等元をもつものだということである。それをそれ自身と結合させると、いつまでも再び同じものが得られる。これは0という数のみを含む数体系のようなものである。これは馬鹿げて聞えるが、あとでそれが、**実際的な**理由ではないにしても**抽象的な**理由で非常に重要であることを見ていく。

それほどわかりやすくはないが、もっと数学的に重要な両極の例が、圏の「始対象」と「終対象」である。これまでに圏における各関係の矢印を引いたことがあるが、始対象はそれからその圏の**ほかのどの対象にも**ちょうどひとつ矢印が出ているものである。終対象は、その圏のほかのどの対象からもそれに**入って**くる矢印をちょうどひとつもつ。したがって、矢印を方向性のあるものと考えれば、始対象はいわば「始まり」にあり、終対象は終わりにある。

これはじつは、北極と南極が最大や最小でないのと同じように、「最大」と「最小」を意味しない。また、最良や最悪も意味しない。次に示す30の約数の格子を思い出してほしい。

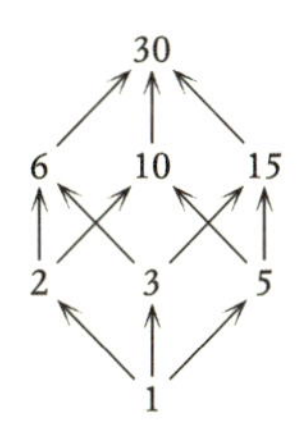

この図から、最大の数は 30 でそれは**終対象**でもあり、最小の数は 1 でそれは**始対象**であることがわかるが、この例がたまたまそうだっただけである。

実際には、すべての合成射が示されている図から、30 が**終対象**であることがもっと容易にわかるだろう。

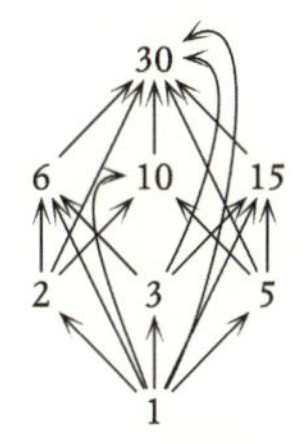

この図の中でどれかほかの数を選ぶと、それから 30 へ行く矢印がちょうどひとつあることがわかる。同様に、1 からその数へ行く矢印がちょうどひとつあり、1 が始対象であることを示している。

ありうるすべての集合とそれらの間のありうるすべての関数を含む圏の場合、始集合は空集合（これが最小）であるが、終集合は対象をひとつもつ集合であることがわかる――断じて、ありうる最大の集合ではない。

これが真である理由は少し専門的である。まず、ここでどんな「矢印」について考えているか理解する必要がある。問題の矢印は関数で、この場合の関数 $A \to B$ は集合 A のすべての対象を集合 B の対象に送る方法である。それは x^2 か何かのようなきちんとした形の関数として書くことができるプロセスでなくてもよい。むしろインプットとして A の対象を取り込み、アウトプットとして B の対象を吐き出す謎の機械のようなものである。この機械を開けてみると、それが単純な公式に従って動いているのがわかるかもしれないが、もしかしたらそうではないかもしれない。どちらの場合も、その機械が**どうやって**それをしているのかは問題ではない。ただその機械がアウトプットとして何を出すかが問題なのである。

ここで、B がひとつしか対象をもっていなかったら、ひとつしか可能な機械はない。ひとつしか可能なアウトプットはなく、したがって A のどの対象をインプットとして与えても、その機械がどんな入り組んだプロセスを経ようが関係なく、アウトプットはつねに同じになる。このため、どの集合からも B への矢印がちょうどひとつあり、B は終集合になる。

A が空集合のときも、可能な機械はやはりちょうどひとつある。このとき、可能なインプットがないため、この機械はまったく何もしようとしない。始めもしないうちに終わってしまうのである。

すでに述べたように、普遍性はしばしば崩壊したようなシチュエーションを生じさせる。

小さな池の大きな魚

別の世界へ移ってどこか別のところで極になる

池で最大の魚になりたければ、もっと大きな魚がすめないもっと小さな池に移る必要があるかもしれない。何かを名前ではなく属性によって特徴づけようとしているなら、まず、それひとつしかないようにしたほうがよい。誰かと「ロンドンの国立美術館のカフェ」で会う約束をしても、うまくいく見込みはなく、それはカフェがたくさんありすぎるからである。これに対し、「シェフィールドのミレニアムギャラリーのカフェ」で会うのなら、うまくいくだろう。シカゴに、本当はバー・ルイというのだが、友人と私は「ザ・フラミンゴ」と呼んでいたバーがあった。じつをいうと、バー・ルイのチェーン店はそこらじゅうにあったが、ザ・フラミンゴと呼ばれる建物はひとつしかなく、その中にバーはひとつしかなったのである．

私の一番好きなウィスキーはアードベッグウーガダールで、しばらくの間、それを「アードベッグアンプロナウンシブル」と呼んでいた。私は純粋にどう発音したらよいか知らなかったのだが、ウイスキーの店で「あのアンプロナウンシブル（発音できない）アードベッグ」といって頼んだら、何についていっているのか正確にわかってもらえることを発見した。しかし、今ではほかにも「アリナムビースト」のような発音がよくわからないアードベッグもあって、このためこの属性によってウーガダールを特徴づけてももう一意にそれを示すことにはならない。

圏論でも、同じ属性をもつものが複数あると、もっと小さな池に移るか、話している属性についてもっと明確に示す必要がある。普通の生活でも似たようなことがいえるのが、何か最高のものがあまりに多くの限定要因をもっている場合である。たとえば、「シェフィールドで 15 ポンド以下で前菜・メイン・デザートのコース料理を食べられる最高のレストラン」は、どこでもいい 15 ポンド以下のコース料理がある最高のレストランでも、あらゆる価格帯でシェフィールド最高のレストランでもない。この場合、属性と、それについて検討している世界の**両方**を限定しているのである。

シェフィールドには、「プロの交響楽団がないイングランドで最大の都市」という特徴がある。グラスゴー［スコットランドの都市］にもないので、イングランドに限定しなければならない。シェフィールドには交響楽団があるが、それは胸を張って「サウスヨークシャーで最高のアマチュア交響楽団」と自称している。友だちと私は冗談で、私は「サウスヨークシャーで最高の若い女性圏論学者」だといっている。本当は「最高の」と「若い」を落としてもよい。ドンカスターかどこかに隠れている人がいないかぎり、私はこれまでのところサウスヨークシャーで**唯一**の女性圏論学者である。

前章で、特定のコンテキストでどの対象が同値か問うこともあるが、まず、どの対象を同値とみなす必要があるか考えて、そうなるコンテキストを**見つける**場合もあるという事実について述べた。同じことが普遍性についても起こる。私たちは与えられたコンテキストにおいて普遍的な対象をさがすこともあれば、まず普遍的である**べき**だと思われる特別な対象のことを考えて、ちょうどその魚が最大となるもっと小さな池を見つけるように、それが普遍的であるようなコンテキストをさがすこともある。

あとで、これがいくつかの数体系、たとえば自然数と整数でどうなるか見ていくことにする。自然数は非常に「自然に」感じられるため、きっとある程度は普遍的だろうと思われるかもしれない。同じことは整数にもいえる。じつは、数学者は「自然」という言葉を、紛らわしいことに、いくつかの非常に厳格な形式的な意味だけでなく、もっとぼんやりした直感的な意味でも使っている。ある対象が圏論の研究者にとって非常に自然に生じるように思えるなら、それはある程度有機的で強制されていないように見え、**ある程度**普遍性をもつように思える。12時間時計の算術があまり不自然ではないのは、何時間の時計にするかこちらが選ばなくてはならなかったからで、したがってそれは本当に「普遍的」なわけではない。しかし、その中に0しかない数体系は、少し馬鹿らしく思えるが、それでもそれを生じさせるために何も恣意的な選択をする必要がなかったのだから、有機的である。同様に、整数は私たちが何もしなくても生まれる。しかし、数体系の中で整数は始対象でも終対象でもない。結局のところ、0という数体系が始対象でも終対象でもあるからである。したがって整数が普遍的である別のコンテキストを見つけなければならず、それが何か、さっそく見ていこう。

　ここで、なぜありうる最小の群が始対象でも終対象でもあるのか説明する。これはいくらか専門的なことでもあり、群の間の関係をどう考えるのが適切か理解する必要がある。その答は、射 $A \to B$ は A のすべての対象を B の対象へ（ちょうど関数の場合のように）送る方法であり、B へ移っても足し算の概念がうまく機能しなければならないという公理が追加されているというところにある。つまり、対象 a_1 を b_1 へ、対象 a_2 を b_2 へ送っても、$a_1 + a_2$ が $b_1 + b_2$ にならなければいけないということである。

　その結果、ひとつには群 A の恒等元は群 B の恒等元へ送られなければならない。そしてこのため、群 A がその中に恒等元**しか**もたないなら、それをどこに送るかについて選択の余地はなく、それは必ず群 B の恒等元へ行かなければならない。このため、B が何であるかに関係なく、A から B への射がちょうどひとつあり、それは A が始対象だということである。

　しかし、A がこのようにその中に恒等元しかもたない群であれば、B から A への射もちょうどひとつある。ひとつしか対象をもたない集合の例と同じように、B のどれについてもどこへ送るか選択の余地がないからである。これは、A が始対象でも終対象でもあることを意味する。これは、北極と南極が同じ世界にいるのとちょっと似ている。

大きな庭

最高であることが重荷になる場合

　最大であることがつねに最良とはかぎらない場合もある。大きな庭を持つのは素敵なことに思えるかもしれないが、世話が大変だろう。

もちろん、庭師のチームを雇えるほど金持ちならいいが。大きな自動車をもつのは素敵に思えるかもしれないが、これも、ほかの人もみんな大型車をもっていて道路が広く駐車スペースも広いアメリカにいるのでないかぎり、ずっと運転しにくい。極端に背が高いのは、バスケットボールの選手だったり電球を交換しようとしているのなら役に立つかもしれないが、飛行機のシートに体を押し込めようとしているときはそれほど素晴らしいことではない。

数学においては多くのことについて「最大」であることと「もっとも実用的」であることの間にトレードオフがある。理論上は「最大」のものがよい――最大のものについて考え、ほかのものをコンテキストに入れることで、何かが明らかになるだろう。しかし、そのコンテキストが見つかってしまうと、多くの場合、目標は日常生活の数学のためのもっと「使用できる」ものを見つけることになる。

たとえば12時間時計が普遍的でないのは、12になるごとに0に戻ったように振る舞うという作為的なルールが課されているからである。しかし、実用目的ではこのほうがずっとよい。0に戻るというルールが課されていなかったらどうなるだろう。「2962万7473時半に会おう」というようなことをいわなければならなくなる。12時間時計の形式ではなく、すべての自然数を使って時刻をいったとしたら、こうなるだろう。自然数は**普遍的**であるが、12時間時計は**実用的**である。普遍的なものは抽象的な思考に向いている。結局のところ、日常生活では決して本当に**すべての**自然数が必要なわけではなく、ただ原則として決して尽きないことを知っていればいいのである。

しかしそれでも、この普遍性は自然数はただ数えて数えて永久に数えることにより有機的に生じるという事実を包含するものだということを知っておく必要がある。これで、普遍性とは何か理解する準備がほぼできた。

エルデシュ

ミニマリズムが真相を知るのに役立つ

どうやらポール・エルデシュは人生のすべてを数学のために捧げ、何も所有せず、この目的に無関係なことは何もしなかったようだ。彼は所持品をほとんど何ももたず、一ヶ所に非常に長くとどまることはめったになく、スーツケースをもって旅して回り、さまざまな場所でさまざまな人と数学について議論した。スーツケースを持ってどこかに現れると、数日か数週間、誰かと数学の議論をしたのち、数学の議論をしたい次の場所へ移動するのだった。

圏論はしばしば物事をそれが何の役割を演じるかによって特徴づけようとするが、逆のやり方でもそれをする。ある役割を考えたのち、無関係な特徴をもたず、可能な最小限のやり方でその役割を演じるものをさがすのである。このとき役割がものを特徴づけるだけでなく、ものが役割を特徴づけるからである。ハリー・ポッターはダニエル・ラドクリフによってしか演じられたことがなく、ダニエル・ラドクリフはしばらくはハリー・ポッターしか演じたことがなかったという事実に似ている。彼が『エクウス』に出演するまで、ハリー・ポッターはダニエル・ラドクリフ**だった**し、ダニエル・ラドクリフはハリー・ポッター**だった**。これに対し、ジェームズ・ボンドは多くの俳優によって演じられてきたが、人々はどの俳優が「決定的な」ジェームズ・ボンドであるか好んで議論する。

チャイコフスキー、メンデルスゾーン、ブラームス、ベートーベン、シベリウス、ブルッフなど、バイオリン協奏曲をひとつしか書いていない作曲家はたくさんいる。このため、「チャイコフスキーの（あるいはほかの誰かの）バイオリン協奏曲」といってもあいまいさは生じない。これに対し、「モーツアルトのバイオリン協奏曲」は多くの異なる曲をさす可能性があり、「シューベルトのバイオリン協奏曲」は存在しないものをいっていることになる。

しかしこれらの作曲家の大部分——ブルッフを除く——は、ほかにも有名な作品を書いている。ブルッフは基本的にバイオリン協奏曲しか書いていない。これはじつは本当ではないが、あのバイオリン協奏曲が彼が書いたもので唯一本当に有名なものなのである。このため、彼のバイオリン協奏曲は彼が書いたということによって明確化されるだけでなく、彼もある程度はそのバイオリン協奏曲によって明確化されるのである。

圏論学者のジェームズ・ドーランはこれをすべて、通りを歩いている、口ひげが非常に大きくてそればかりが目立つ——それどころかその人物は口ひげの運搬装置としてのみ存在しているように見える——男性にたとえた。彼は「歩く口ひげ」である。

圏論学者はしばしばこのような最小限の特徴を「自由生活性」と呼ぶ。あらゆる束縛から自由になり、生命を維持するのに必要最小限のものでのみ生きるのを想像してほしい（ある友人は16歳で家を飛び出したが、そのとき親のミキサーをもってきた。生命を維持するのに不可欠なものだろうか？）。

何かがその存在を維持するのに必要とする最小限のものは何か理解することは圏論の重要事項である。その意味でエルデシュは本当に「自由生活性」の数学者で、数学者としての生活を維持するのに必要なものだけで生きていた。彼は実際、比喩的な意味と文字通りの意味の両方で「歩く数学者」で、最小限のスーツケースをもって方々歩きまわった。

自然数の「自然」とは

これは、自然数について普遍的なことは何か理解する手がかりになる。答には、自然数は1から始めて永遠に数え続けるだけで自然に得られるものだという直感と違和感なく一致するところがある。

圏論の用語では、これは「自由」と呼ばれる。それは、何かから始めて自由に進み、そのコンテキストに自ずと付属しているもの以外、決して何も余計なルールが課されないという意味である。

自然数のためのコンテキストが「モノイド」という概念である。これは群と似ており、好きな順序で足していくことができるが、すべてが**逆元**をもつというルールがないため、負の数について心配しなくてよい。ここで、1 という数から始めてモノイドを「自由に」作る場合、次のことができなければならないことがわかる。

$$
\begin{array}{l}
1+1 \\
1+1+1 \\
1+1+1+1 \\
\vdots
\end{array}
$$

これらに括弧をどう入れても関係ないことはわかっているが、自由でいたいため、さらにルールを課すことはしない。ルールはなし。これは、たとえば次のような追加の等式やそれに似たものを得ることはないということである。

$$1+1=1+1+1+1$$

このため、するのは 1 を加え続けることだけで、得られるのは自然数である。したがって自然数は、数 1 だけから始まる**自由モノイド**である。

群になるように逆元も必要なときも、1 から始めてすべての整数を得ることができる。基本的にできるのは上のように 1 を足すことだけで、それから負のバージョンもとればいい。したがって整数は 1 という数から始まる**自由群**である。

圏論では、ほかのものから始まる自由対象も作ることができる。そして、どの集合から始まる自由群でも作ることができる。このシチュエーションの自由性は一種の普遍性で、構造に関する章で論じたように「構造を忘れる」ことと密接な関係がある。集合を得るために群の構造を「忘れる」という考え方があるのを見たが、今回はある集合から始めて群を「自由に」作るという考え方である。同様に、群と似ているが足し算だけでなく掛け算もある**環**について考えた。たんなる**群**に戻るために環に含まれる掛け算を「忘れる」という考え方を見たが、じつは群から始めて環を「自由に」作るという考え方もある。何かを忘れてそれを自由に組み立てるプロセスは一種の逆だが、実際には互いに逆元なのではない。それは別の特別な種類の関係で、圏論はそのさらに微妙なところに注目する。

さらに普遍性を探る

1＋1＝2、かな？

私が自分は数学者だというと、1足す1が2になることについてのジョークをいわれることがある。彼らはたとえば「1足す1は2、話はそれでおしまい」などといい、数学について本当に自信をもっていえるのはそれだけだというか、数学は正しいか間違っているかだというかのどちらかである。

もちろん、2時間時計で $1+1=0$ となる場合についてはすでに説明した。この時計の考え方が実際にどのようにして生じるか見てみよう。

まず、問題を少し変えてみよう。$7+7$ は14に等しい、かな？イエス。ただし12時間時計について考えているのでなければ。その場合は7時足す7時間は2時になる。

$$7+7=2$$

だが、時計以外のものについて考えてみよう。曜日について考えているとしたらどうだろう。これは、月曜が「星期一」、火曜が「星期二」、水曜が「星期三」……と呼ばれる中国語で考える方がわかりやすい（ただし、だまされないように。日曜は「星期日」と呼ばれる）。とにかく、今、星期五だとすると、三日足すと「星期一」になる。

$$5 + 3 = 1$$

あるいは、音楽の曲を演奏していて、1小節の拍数について考えているとしたらどうだろう。たとえば1小節に4拍あるとしよう。このとき小節内の3拍目の2拍あとは、次の小節の1拍目になる。

$$2 + 3 = 1$$

今、あなたは「そんなの重要じゃない！」と主張したくなったかもしれないが、これは数学的反応としては悪くはない。数学者はしばしば、物事がその世界にぴったり合わなければ、重要ではないと公言する。しかし、数学者は「これは重要ではない」と一時的にいうだけである。何かがある世界に適合しないがまだ何らかの意味をなす場合、数学者は**この**世界では重要ではないというが、それからそれが意味を**なす**世界をさがし始めるのである。

これら「奇妙な」足し算の法則はすべて、何らかの意味をなす。それらは私たちの普通の数体系に大変よく似ている。それどころか、別の種類の数体系とみなされるほど、十分に普通の数体系と似ている。つまり、すでに見てきた数の公理を満足することを確認することができる。足し算の順序は問題ない、括弧も問題ない、0のように振る舞う数があり、負のように振る舞う数がある。

「ない」を数えるのはどうだろう。子どもたちは、「ない」が互いに打ち消し合うことを知ると、とても面白がって、お腹がすいていることを意味する「お腹がすいていないことはない」というような馬鹿げたジョークをいう。あるいは「お腹がすいていないことはないことはないことはない」といって、「ない」をお腹がすいているのを意味する偶数回いったのか、お腹がすいていないことを意味する奇数回いったのか、誰にもわからなかったのを知って、笑いこけてしまう。

この場合、

お腹がすいていないことはない＝お腹がすいている

で、次のように書ける。

$$1\text{not} + 1\text{not} = 0\text{nots}$$

ほら、$1 + 1 = 0$ だ。

これは完全に有効な数体系で、さらにそれは自然に生じ、かなり有用である。この数体系では、0と1のふたつの数しかない。そして、次のように足し算できる。

$$0 + 0 = 0$$
$$0 + 1 = 1$$
$$1 + 0 = 1$$
$$1 + 1 = 0$$

前の章で見たように、これを次のような小さな足し算の表にすることができる。

+	0	1
0	0	1
1	1	0

するとそれは､バッテンバーグケーキの場合と同じパターンになる。

電子回路のNOTゲートや、部屋の2つの異なる場所に点灯スイッチがある電球について考えても、同じパターンになる。スイッチをひ

とつだけ入れると明かりがつくが、両方のスイッチを入れるとまた消えるような場合である。

これはかなり小さな数体系である。しかし、これがありうる最小のものだろうか？　ノー、じつは0という数ひとつしかもたない、さらに小さなものがある。それだと、足し算の表は次のようになる。

+	0
0	0

これは、お菓子をひとつも許してもらえない世界のようなものである。小さな頃、食品着色料にアレルギーがあった私のように（そして当時は、あらゆるお菓子に食品着色料が使われていた)。私の世界に存在していたお菓子の数は唯一0だけだったのである。話は対象がひとつだけ、つまり恒等元だけの、**ありうる最小の群**に戻った。思い出してほしいのだが、恒等元が（足し算について考えているなら）0なのは、それを何に足しても何も起こらないからである。

これはそれだけで考えるとあまり役立つ数体系ではないが、圏論では数体系を単独で考えない。数体系と数体系の間の関係について考えるのである。

小さな頃、私は自分のお菓子のない世界を、金曜日ごとに5ペンスかさらには10ペンスもらって村の菓子屋へ行き、その大金でとても大きな袋にいっぱいお菓子を買うことのできる友だちの世界と比べた。同じように圏論では、この数のない数体系をほかのすべての数体系と比較し、それは数体系の世界の南極である。それは極端な数体系で、そこでは（南極のように）たいしたことは起こりえないが、それでも明確にすべき重要なもので、私たちの世界の端がどこにあるか教えてくれる。

極端な距離の概念

　すでに「メトリック」と呼ばれる距離の概念についても見てきた。**あらゆるもの**がほかのあらゆるものから（それらが等しくないかぎり）1の距離にある、ありうるもっとも極端なメトリックがある。この抽象的な距離については単位を使わないので、1キロや1マイルではなく、それはただの1**なんとか**である。この場合、あらゆるものが10の距離ほど離れているメトリックのほうが「大きい」ということはない。それは、何も単位がないため「1なんとか」は抽象的に「10なんとか」と同じだからである。ここで重要なのは、あらゆるものがほかのあらゆるものから不可避的に切り離されているということである。この距離の考え方は少しばかばかしく思えるかもしれないが、それがメトリックの3つのルールを満たしているか確認してみるといい。

(1) AとBの間の距離は、AとBが同じときにだけ0である（結局のところ、そうでなければ距離は1なのだから）。
(2) AからBまでの距離は、BからAまでの距離と同じである（AとBは同じか違うかのどちらかで、同じ場合は距離は0、違う場合は距離は1なのだから）。
(3) 三角不等式 ── これを確認するのはもう少し複雑だが、やはり成り立つ。

　AからBまでの距離を$d(A,B)$と書くと、次の式を証明する必要がある。

$$d(A,C) \leqq d(A,B) + d(B,C)$$

各状態についての表を示すと、次のようになる。

	d (A,B)	d (B,C)	d (A,B) + d (B,C)	d (A,C)
A = B = C	0	0	0	0
A = B ≠ C	0	1	1	1
A ≠ B = C	1	0	1	1
A ≠ B ≠ C,A ≠ C	1	1	2	1
A ≠ B ≠ C,A = C	1	1	2	0

確認しなければならないのは、最後の列がつねに最後から2番目の列より小さいか等しいことで、なるほどそうなっている。

三角不等式が真であることを証明するもうひとつの方法は、**背理法**を用いるやり方である。不等式が偽になるような A、B、C があるとすると、次のようになる。

$$d\ (A,C)\ > d\ (A,B)\ + d\ (B,C)$$

ここでの目標は「最悪を期待する」こと、もっと正確にいえば、これが何らかの矛盾を伴い、したがって真ではありえないことを明らかにすることである。

今、すべての距離は0か1であり、このため左辺は0か1でしかありえず、右辺は0か1か2でしかありえない。したがって、左辺が右辺より大きくなるのは、左辺が1で右辺が0のときだけである。しかし、右辺が0になるのは右辺のどちらの距離も0のときで、それは $A = B = C$ を意味し、左辺が0となる。すると両辺が等しくなり、仮定に矛盾する。

あなたはこれらふたつの議論のうちどちらについていきやすいと思っただろうか。どちらのほうが納得がいっただろうか。

　このメトリックは、すべてを不連続に区切るため、「離散距離」と呼ばれる。ごく近くにかたまっているものはなく、すべてが同じように遠く離れている（もしかしてこれは、すべての場所へ同じように簡単に到達できるテレポーテーションメトリックだろうか）。このメトリックが少し不合理に思えるとしても、普遍性をもつものには珍しいことではない。それらは極端な例であり、そのためそこに押しつぶされているか非常に引き伸ばされているかのどちらかである。

　すべてのものの間の距離が0であるような「ありうる最小のメトリック」があるのだろうかと、あなたは疑問に思っているかもしれない。答はイエス、ただしこれはどれもがほかのどれとも等しくなければならないことも意味する。この場合も、引き伸ばされているのではなく、そこに押しつぶされている。

極端な圏の概念

　あなたは、圏の世界自体に極端なものがあるのだろうかと思っているかもしれない。答はイエス。

　ありうる最小の圏は空圏で、それはありうる最小の集合と似ている。そして、ありうる最小の集合と同じように、これは**圏の圏**における**始対象**である。終圏は、すでに見たちょうどひとつの対象とちょうどひとつの射をもつものである。

　それは終集合と終群を融合したようなものである。

　それは、**圏の間の**関係という今問題にしていることが、集合および群について見てきた考え方を融合したものだからである。ひとつの圏から別の圏へ至るには、すべての対象をひとつの対象へ送るだけでなく、すべての射をひとつの射へ送らなければならないし、これを群でしていたときに足し算がうまくできなければならなかったのと同じように、合成がちゃんとできなければならない。したがって、任意の圏 A から上記の小さな圏へ移そうとしているなら、選択の余地はまったくない。A のすべての対象は x という単一の対象へ行かなければならず、A のすべての射は恒等射へ行かなくてはならない。したがって、この小さな圏は**終対象**である。

これをもっとよく理解するため、次のような三角形の圏を小さな圏へ送ろうとしているところを想像してみよう。

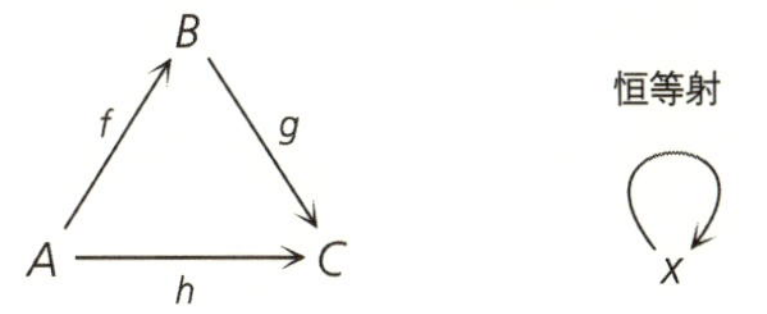

インプットとして A、B、C および f、g、h を与えなければならず、アウトプットは x か恒等射でなければならない。インプットとして対象を与えたら、アウトプットとして対象を得なければならない。これは、A、B、または C を与えたときにアウトプットとして x を生成しなければ**ならない**ということである。そして、インプットとしてモルフィズムを与えたときは、アウトプットとしてもモルフィズムを得なければならないため、f、g、または h を与えたときは、アウトプットとして恒等射を生成しなければならない。つまり、より大きな圏から小さな圏への「関数機械」がただひとつ存在しうる。最初の圏がどんなに大きくても、同じような議論が有効である。これは、この小さな圏が終圏であることを示している。

すでに論じた離散距離ではほかのあらゆるものからの距離が1だったが、それに少し似た普遍的な圏もある。これは「離散圏」と呼ばれ、何かから別のものへの射がなく、対象はすべて互いに完全に離れている。

しかし、メトリックの場合と違って、この圏の「反対」のようなものを考えることができ、そこではすべてのものがほかのすべてのものと関係があるが、じつは等しくはない。この圏では、すべての対象からほかの対象すべてへの射が正確にひとつある。これは「密着」圏とよばれる。スペルに注意すること。indiscreet（秘密をすべて漏らしてしまう）ではなく **indiscrete** で、この単語は数学以外ではあまり使われない。それは、対象すべてが非常に離れているのではなく、その反対で、対象がぜんぜん離れていないことを意味する。これは、対象がすべて同一だということではなく、この特定のコンテキストにおいてみな同値だということである。関係に関する章で示した非常に密接につながった友人の集団の図は、密着圏の例である。この図の友人たちは同一ではないが、おそらく彼らはみな互いの生活について同じことを知っているという意味で同値である。友だちのひとりに何かをいうと、事実上、彼らみんなにいったことになるような友人グループを、あなたも知っているだろう。

圏論においては普遍性を見つけることで問題になっている対象について重要なことがわかるだけでなく、それはほかのコンテキストでも同じような普遍性をもつものをさがすことができるということであり、それらの世界を比較するときに注目すべき点がわかる。また、数学が熱心に追求することのひとつ —— さまざまなことがみな似ている場合を見つけることにより、それらを同時に研究することの可能性 —— に近づくことができる。

普遍性によって比較が可能になることの数学的事例をいくつか挙げよう。

* 数を合計することは、集合の和をとること、すなわちふたつの集合のすべての対象からなる新しい集合を作ることと同じように考えることができる。最大公約数や、ふたつの曲面をくっつけて得られる曲面についても同じように考えることができる。これらはみな一種の**コリミット**で、それらがある特定の種類の普遍性をもつことを意味する。
* 数を掛けることは、デカルト座標（X 座標と Y 座標）、ふたつの数の最大値または最小値をとること、すでに見たように空中に円を描いてドーナツ型を作ること、あるいはバッテンバーグケーキを反復することと同じように考えることができる。
* 自然数を整数と同じように考えることができるが、実数を同じように考えることは**できない**。両者はまったく異なる。

自然数と整数はどちらも**自由に生成された構造**である。自然数は 1 という数から、それを繰り返し足すことにより生成できる。整数は、1 という数から、それを繰り返し足すことと引くことにより生成できる。しかし、実数をひとつの数と何らかの操作で生成する方法はない ── たとえ無理数から始めても、実数をいくつか抜かすことになる。

圏論でこれをどのように考えるか説明しよう。自然数は足し算でモノイドを形成する。整数は足し算で群を形成する。実数は体と呼ばれるもの ── 足し算、引き算、掛け算、ゼロ以外のすべての割り算ができるもの ── を形成する。重要なのは、すべてのモノイドの圏とすべての群の圏はどちらもその中に適切な普遍対象をもつのに対し、すべての体の圏はもたないことである。

普遍性は、数学的対応をとりながらひとつの世界からもうひとつの世界へ移動するにはどうすればよいかということについて手がかりを与えてくれる。ちょうどイギリスの首相がアメリカの大統領にある程度の類似性を示すように、対象の間だけでなくそれを含む世界自体の間の関係を理解するために、異なる数学的世界の対応する普遍対象をさがすのである。

先に挙げた例の中には、明らかにほかのものより互いによく似ているものがある。圏論に関して確かなことのひとつが、どんどん物事が「同じ」になって一緒に研究できるまで抽象化を続けることができるということである。じつは圏論学者の間にこれについてのジョークがあり、それはこのテーマの創設者のひとりであるソーンダース・マックレーンのすぐれた著書『圏論の基礎』の次のようなコメントに由来する。

> すべての概念はカン拡張である。

カン拡張［極限を用いてこの拡張を構成したダニエル・カンの名に由来する］は、ある一定の普遍性をもつものである。マックレーンの主張は、すべてのものは何らかの普遍性などを通して理解できるだけでなく、すべてのものは**同じ**普遍性を通して理解できるというものである。これは、かなり壮大な数学統一ビジョンである。それはちょっとした冗談だが、圏論がじつは何なのか明らかにしている。

第 15 章　圏論とは何か

本書の前半で、数学は難しいことを簡単にするためにあると述べた。そして今度は、圏論は数学の数学であることがわかった。つまり、圏論は難しい**数学**を簡単にするためにあるのだ。

後半でそのためのさまざまな方法について論じてきたが、圏論を圏論学者がするように特徴づけることにより結論を出したいと思う。圏論にぴったり合うガラスの靴は何だろう？　つまり、圏論がどのようなものか述べるのではなく、それがどんな役割を果たすか述べることにしよう。

真理

人々はしばしば、数学は正しいか間違っているかだと考える。それは真実ではない。たとえある数学的手順が正しいとしても、それでもよいか悪いか、何かを明らかにするかそうでないのか、有用かそうでないかなど、まだまだ問題になることがある。

しかし、正しいか間違っているかという考え方にも少しは真実が含まれている。数学の注目すべき性質のひとつは、それが論理のみから組み立てられているため、何かが正しいときに数学者がすぐに同意できることである。これは、反対の説が永遠に議論されることのあるほかの分野と非常に違う点である。哲学者のマイケル・ダメットは、『数学の哲学　*Philosophy of Mathematics*』の中で次のように述べている。

> 数学は着実に前進するが、哲学は最初に直面した問題で果てしない困惑に陥ってもがき続ける。

数学的事実は、ほかの種類の事実をしのぐ地位を占める。科学者がいわゆる科学的方法、実験的方法、証拠に基づいた知識を尊ぶという事実についてはすでに論じたが、そこでは実験的に繰り返すことのできる確かな証拠から事実が演繹される。数学はそれとはまったく違う。数学が**証拠**を使わないのは、証拠は論理的に完璧ではないからである。証拠は科学の基礎だが、数学的真理を得るにはそれでは不十分である。だから、数学は科学のひとつのようなものだが科学のひとつではないのである。

数学は「論理的な方法」を用い、そこでは事実は冷たく明快な論理のみを使って演繹される。数学的真理は証明を理由に尊重される。すべてのものは厳密に証明され、いったん証明されたら、反論できない。証明に誤りが見つかることもあるが、それは最初からそれが決して本当に証明されていたわけではないことを意味する。「証明」の概念のおかげで、数学には何が真で何が真でないかを知る難攻不落の方法がある。何かが真であることをどうやって示せばいいのか？　証明すればいいのだ。

いや、そうかな？

数学の形式的証明の素晴らしいところは、それによって議論から直感の使用が排除されることである。誰かが何をいおうとしているのか推測したり、彼らの言葉を注意深く解釈したり、声の抑揚に耳を傾けたり、顔の表情を見たり、ボディーランゲージに反応したりしなくてよい。自分の彼らとの関係はどんなものか、たった今、彼らが受けているストレス、彼らが酔っ払っているかもしれないこと、あるいは彼らの過去の体験が現在の彼らにどのように影響を及ぼしているかといったことを考慮しなくてよい。何かがどのように見えるか想像できなくてもよいし、8 次元空間、200 万個のリンゴの山がどのように見えるか、あるいは北極にいるのはどんな感じか想像できなくてもよい。こうした問題をはらんだ微妙な点がすべてなくなるのである。

そして、数学の形式的証明に関して困るのは、こうした微妙な点がすべてなくなってしまうことである。微妙な点は問題を生じるかもしれないが、有用でもあり、別のことに役に立つ。何かについての個人的洞察を得る助けになるのである。数学は個人的洞察にかかわるべきではないと思うかもしれないが、結局、理解とは**すべて**個人的洞察にほかならない。それが理解と知識の違いである。数学の形式的証明は素晴らしく完璧で明瞭だが、理解するのは難しい。

暗い森の中を一歩一歩導かれているが、全体のルートについてはまったく知らない場合を想像してほしい。再びそのルートの出発点で取り残されたら、道がわからなくなるだろう。そしてそれでも、一歩一歩導かれたら、うまく向こう側へたどり着くことができるのである。

数学者と数学を学ぶ学生はみな、証明を読んで、「はて、各ステップがその前のステップから導かれるのはわかるが、どうなっているのか皆目わからない」と思った経験があるはずだ。正しい証明を読み、その証明の論理的な各ステップについて完全に納得できても、まだ全体をまったく理解できないのである。ここで、**あらゆる命題はそれ自体を含意する**というごく些細なことに思える事実の完全に形式的な証明を示す［ここでいう「命題」は 84 頁で出てきた「補題・命題・定理」の命題ではなく、「真偽どちらかに指定された主張の言明」］。ここで「含意する」は論理的含意を意味することに注意しなければならない。数理論理学では「含意する」は普段の生活の場合とまったく同じことを意味するのではなく、ずっと厳密なことを意味する。「A が B を含意する」は、A が真なら疑いの余地なく**確実に** B は真だということである。普段の生活では、「それは私が馬鹿だという意味か？」というようなことをいい、含意は確固たる事実ではなくむしろ示唆やほのめかしである。

では、それ自体を含意する命題の例に戻ろう。これはそれ自体と等しいものとちょっと似ている。もっともわかりやすいのは

$$x = x$$

という等式である。本当に論理的含意についてもこれが成り立つだろ

うか？
　たとえば、

＊私が女の子なら、私は女の子である。
＊雨が降っているなら、雨が降っている。
＊1＋1＝2なら、1＋1＝2である。

　そして、その厳密な証明がいかに不合理で複雑か見てみよう。ここで小さな矢印は「含意する」ことを意味し、これは、形式論理学の公理を使った、任意の命題pがそれ自体を含意することの完全に厳密な証明である。

（p ⇒ p）の証明

$(p \Rightarrow ((p \Rightarrow p) \Rightarrow p)) \Rightarrow ((p \Rightarrow (p \Rightarrow p)) \Rightarrow (p \Rightarrow p))$

$p \Rightarrow ((p \Rightarrow p) \Rightarrow p)$

$(p \Rightarrow (p \Rightarrow p)) \Rightarrow (p \Rightarrow p)$

$p \Rightarrow (p \Rightarrow p)$

$p \Rightarrow p$

　私は自分がこの証明を非常に面白くて確かにそうだと思っていることを認めるが、数学者でさえみんながみんな私と同じ意見ではないだろう。もっとも基本的な論理的命題の証明がこっけいなほど複雑に見えることに驚いてもらえるよう、ここに載せただけである。数学者でない人は数学者が何をしているか決して理解できないだろうと思うが、数学者だってしょっちゅうお互いを理解できないでいる。この証明で数学者は、あらゆる命題が本当にそれ自体を含意すると納得するのだろうか。もちろんノーである。

　では、証明だけでは彼らに真理を納得させることができないとすれば、何ならできるのだろう。

真理の三位一体

　ほかにも、数学者に何かが真であることを納得させる役割を果たすものがある。私はそれは**解明**［illumination：光を与え明るくする、明確にするといった意味］だと考えている。先に、真理の 3 つの側面について話そう。

(1)　信念
(2)　理解
(3)　知識

　これはセントポール大聖堂の 3 つのドームにちょっと似ている。私たちには、知識すなわち外界で起こること、信念すなわち私たちが自分の内で思っていること、そしてそれらを結合させる理解がある。
　これら 3 種類の真理の間の相互作用は複雑である。まずは、そのベン図を描いてみよう。

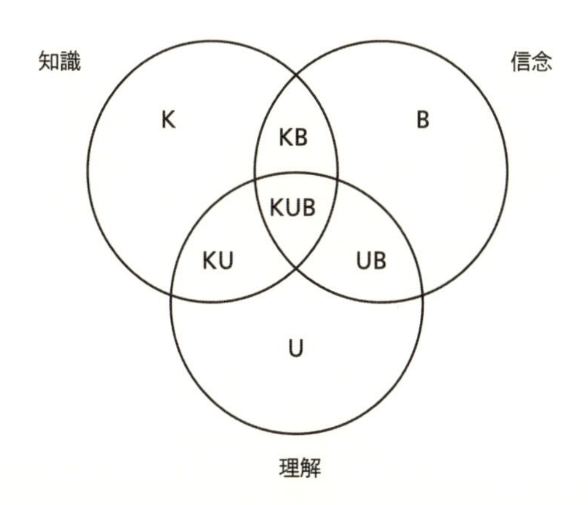

重なり合う部分にそれぞれ次のように記号をつけた。

KUB：知っていて、信じていて、理解していること。もっとも確かな真理。

KB： 知っていて信じているが、理解していないこと。これには、私たちが理解していなくても確かに真である科学的事実が含まれる。たとえば、私は重力がどうして働くのか本当に理解しているとはいえないが、それが働いていることを知っているし信じている。また、地球が丸いことを知っていて信じているが、**なぜ**かは理解していない。

B： 信じているが、理解していないし知ってもいないこと。ほかのあらゆることがそこから始まる公理──ほかのことを使って正当性を証明できないこと──がそれである。たとえば、私にとっては、愛や命の尊さのようなものがそれである。私は、愛はあらゆるもののうちでもっとも大切なものだと信じている。なぜか説明できないし、それが真であると確かに知っているということもできない。それが何を意味するかさえよくわからないのだから。

あとはもう少し注意を要するようになる。

K： 知っているが、理解していないし信じてもいないこと。これは一体、可能だろうか。思うに、突然の悲嘆や悲痛を知っている人なら、これがどんなものかわかっているかもしれない。その出来事のあと何日か呆然として、理性ではそれが本当に起こったとわかっているが、まったく信じられず、心の底からそれが本当だと思うことができない。そして、間違いなく、それを理解していない。また、きっと極端によい感情のときもそのように感じられるだろう。おそらく、私が宝くじに当たったら、そうと知ってもしばらくは理解も信じもしないだろう。恋のさや当てに勝利しても、有頂天になって同じように感じるだろう。
KU：知っていて理解しているが信じていないこと。おそらく、これは悲嘆の次のステージへ移ったとき、つまりその恐ろしいことが本当に起こったと理解することはできたが、まだそれを信じていないときである。しかし、この状態にあるなら、もしかしたら否認の状態にあるのかもしれない。なぜなら、普通、何かを知っていて理解しているなら、それが真であると本当に信じるようになるからである。

最後に次の部分があるが、私はそれは空ではないかと思う。

U：　理解しているが、知っていないし信じてもいないこと。
UB：理解し信じているが、知らないこと。

私は、何かを知らないでそれを理解することが可能（もっと正確にいえば合理的）だとは思わない。この場合、理解することは、それだけで存在できると思われるほかの2種類の真理とは違う。真理は、この図を一方向にだけ流れる ── 理解からほかのすべてへ流れるのである。

もちろん、それはみな、どのくらい正確に定義するかによっていくらか変わってくるが、自分が信じているいくつかのことについてちょっと考えてみよう。あなたが信じていそうなことをいくつか挙げる。

＊1＋1＝2
＊地球は丸い。
＊太陽は明日の朝も昇る。
＊北極は非常に寒い。
＊私の名前はユージニアだ。

なぜあなたはこれらのことを信じるのだろう。おそらくあなたは、なぜ1＋1＝2なのか、すでに説明したそうならない場合を除いて、自分が理解していると思っているだろう。自然数や整数を扱っているなら、主にそれが2という数の**定義**だという理由で、1＋1＝2となる。しかし、2時間時計の代数、つまり整数を2で割った余りを扱っているなら、1＋1＝0となる。

しかし、なぜ地球は丸いのだろう？　なぜ太陽は明日の朝も昇るのだろう？　なぜ北極は寒いのだろう？　これらは、たいていの人が知っているが本当には理解していないことである。私たちの個人的な科学の知識はこんなものだと思う。信頼する誰かがそういったから信じている知識なのである。私たちはそれをそのまま信用し、よりどころにしてきたのである。

なぜ私の名前はユージニアなのだろう？　この最後のものは、それが私のものだと仮定すれば、かなり簡単である。両親がそれを選んだから、そうなのだ。だが、たんに本書の表紙に書いてあるからという理由だけで、あなたはそれを信じるだろうか。それとも、それを信じる前に、行って私の出生記録を調べる必要があるだろうか（そうでないことを望む)。これはもっと複雑である。あなたは、それが真かどうか本当に知っているわけではないのにそれが真だと信じているのかもしれない。

理解は知識と信念の間を仲介するものである。結局のところ、目指すのはできるだけ多くのものを、知識、理解、信念すべてが出合う図の中心部にもってくることである。

知識と理解の違いの数学的な例を示そう。次の等式を解こうとしているとしよう。

$$x + 3 = 5$$

おそらくあなたは、「3を反対側にもっていって、符号を変えればよい」のをおぼえているだろう。すると次のステップは

$$x = 5 - 3$$

で、xは2であることがわかる。

しかし、こうすればいいのを知っているのとそれを理解しているのとは同じではない。なぜそれでいいのか？　それは、左辺と右辺が等しいからで、このため両辺に同じことをしてもまだ等しいのである。今、一方にxだけを分離したいが、それは左辺から3を除きたいということである。どうやってそれをすればよいか？　3を引く。だが、それを左辺で行なったら、右辺でもそれをしなければならない。したがって、本当は次のようにしているのである。

$$x + 3 = 5$$
$$x + 3 - 3 = 5 - 3$$
$$x = 2$$

たんにルールを知っているだけではなくこの原理を理解していれば、知識をほかのシチュエーションに適用することができる。

ピックポケット／プットポケット

第4章の「プットポケット」の奇妙な事例をおぼえているだろうか。あなたはポケットに10ポンド札を入れていた。誰かがすったが、あとで別の人が10ポンド札をポケットに滑り込ませた。このためあなたはポケットに10ポンド札があると信じている。

しかし、あなたは本当に10ポンド札があることを知っているのだろうか。きっとあなたは10ポンド札がまだそこにあるか確かめるだろう。するとこの時点で、今もやっぱりポケットに10ポンド札があることを知る。

しかし、何が起こったか教えてもらうまでは、**なぜ**自分のポケットに 10 ポンド札があるのか本当には理解していないことになる。

どうして？　どうして？　どうして？

どうしてニワトリは道路を横切ったの？

理解の鍵は、どうして？　という質問にある。どうしてこれこれが真なのか？「なぜならそれを証明したから」では、**人間側の**観点からいえば満足できる答ではない。どうしてそのガラスは壊れているのか？「なぜなら私がそれを落としたから」とか「なぜならガラスの分子の間の分子結合がもうちゃんとしていないから」とかいう答はどうだろう。また、みんな「本便の出発が遅れ、申し訳ございません。これは使用機到着遅れのためです」というのを聞いたことがあるだろう。そしてもちろん、「どうしてニワトリは道路を横切ったの？」というのも［英語圏でよくいわれるなぞなぞ。「反対側へ行くため」というのが答］。どうして？　と問うのは、物語の寓意が何か問うのに似ている。

数学的などうして？　の質問をいくつかしてみよう。

(1)　どうして三角形の面積は底辺掛ける高さの半分なのか？
(2)　どうしてマイナス 1 のマイナスは 1 に等しいのか？
(3)　どうして何をゼロ倍してもゼロなのか？
(4)　どうしてゼロで割ることができないのか？
(5)　どうして円周の直径に対する比率はつねに同じ（それは π）なのか？
(6)　どうして π の小数展開は永久に続くのか？

では、これらの問いに答えてみよう。三角形の面積は、それが**直角**

三角形なら非常に考えやすい。なぜなら、そのときこの三角形は明らかに長方形の半分だからである。

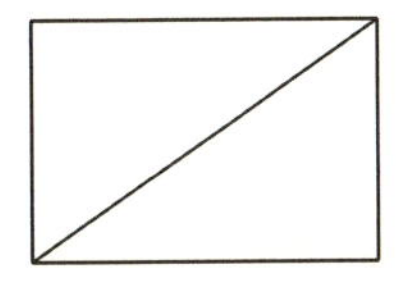

次のようなもっと一般的な形の三角形なら、

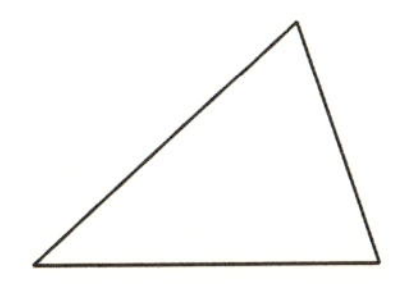

もう少し工夫して、たとえば次のようにうまく長方形にはめ込まなくてはならない。

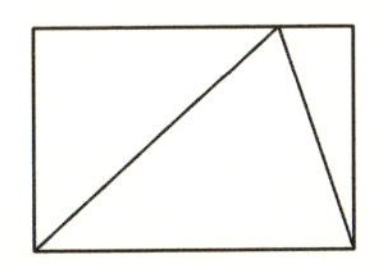

そして、なぜ余分な部分を継ぎ合わせると最初のと同じ三角形になるのか考える。

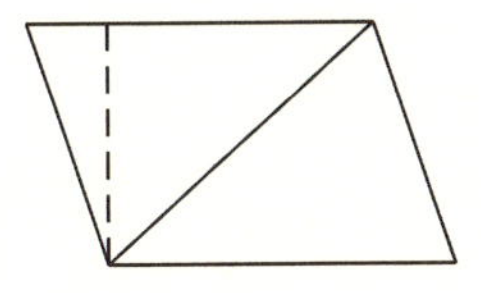

これはかなり説得力があるが、完全な証明ではない。

次のようなものは数の公理を使って証明することができる。形式にそった書き方をすれば次のようになる。

xの加法的逆元は$-x$と定義され、すなわち

$$-x+x=0$$

で、この性質をもつのはそれだけである。1が-1の加法的逆元であることを示す必要がある。すなわち

$$1+(-1)=0$$

しかし、-1は1の加法的逆元だから、これは真である。

これは数学的に正しいが、必ずしも**説得力がある**わけではない。「マイナス記号をつけると、向いている方向がひっくり返り、2回ひっくり返ったらもとの方向に戻る」というようなことをいったら、もっと納得がいくだろうか。まったく数学的ではないが、もしかしたらこちらのほうが説得力があるかもしれない。おそらく、次のようにいったほうが説得力があるだろう。$a+b=0$のとき、それはaとbが互いに加法的逆元だといっているのであり、つまり

$$a=-b \quad かつ \quad b=-a$$

である。-1は1の加法的逆元であることがわかっているので、$a=-1$かつ$b=1$とすることができ、$a+b=0$となる。今、$b=-a$と結論づけることができ、それはこの場合、

$$1=-(-1)$$

を意味する。これは基本的に前のと同じ証明だが、それほど簡潔に書かれていない。あなたはこちらのほうが納得がいくと思われただろうか。

0を掛けると0になることに関しては、公理から同じように厳密でさらに何も明らかにされないような証明ができ、次のようになる。

x を任意の実数としよう。すると、

$$0x + 0x = (0 + 0)x \quad \text{分配法則}$$
$$= 0x \quad \text{0 の定義}$$

両辺から $0x$ を引くと、$0x = 0$ となる。

「0で割ることはできない」は本当は「公理によると、0は乗法的逆元をもたない」ことを意味するという事実についてはすでに論じた。しかし、これら実数の公理からの証明はすべて、**なぜ**これらのことが真なのか根拠を示そうとしているわけではない。そうではなく、証明は、私たちが真だと**思う**ことが、私たちが選んだ公理によって本当に真であることを確認するためのものにすぎない。それは実際には何の説明でもないのである。

円に関することは微積分を使って証明できるが、あなたは次のように自分を納得させようとするかもしれない。円周と直径はどちらも**長さ**で、ひとつの形を拡大または縮小しても、そのすべての**長さ**の比率は変わらないと。

π の小数展開が永久に続くことについて、あなたは π が無理数だからだということをおぼえているかもしれない。しかし、なぜ π は無理数なのだろう？　円周は曲がっており、直径はまっすぐで、比率が有理数だったら、それは少し中途半端にきちんとしているように思えるという以外、とくに説得力のある**説明**を私は知らない。

実際には、$\frac{1}{9}$ が 0.1111111……であるように、やはり永久に続く小数展開をもつ有理数もある。しかし、有理数の小数展開はつねに周期的に繰り返すのに対し、π や $\sqrt{2}$ のように無理数の小数展開は決して繰り返さない。

つねに尋ねることのできる別のレベルの「どうして」があるため、つねに理由を尋ね続けることができる。子どもなら誰でも知っているように、どうしてという質問はじつは無限に続く質問で、大人を困らせることになる。

上記の例の重要な点は、ある数学的事実が**どうして**真なのか問うても、数学的証明は多くの場合、なぜそれが真なのか納得できるようなものではないという事実を示していることである。しかし、それが真である**こと**は納得できるかもしれない。そして、そこには決定的な違いがある。

証明と解明

証明は社会学的な役割をもち、解明は個人的な役割をもつ。

証明は社会を納得させるものであり、解明は個人を納得させるものである。

数学はある意味、言葉で正確に述べることのできない感情に似ている。それは個人の内部で起こることである。私たちが書くことは、相手がそれぞれの頭の中でその感じを再構成できることを期待して、考えを他者に伝えるための言葉でしかない。

私が数学をしているとき、2回しなければならないように感じることがよくある。1回は頭の中で行ない、2回目はそれをほかの誰かに伝えられる形にするのである。それは、誰かにいいたいことがあって、頭の中では完全にはっきりしているように思えるのだが、いざ言葉にしようとするとうまくできないのに似ている。言葉で言い表す作業はどうでもいいことではない。一体なぜ私たちはそんなことをしようとするのだろう？　なぜ解明につながることだけに専念しないのだろう？

(a) 解明は定義するのが非常に難しい。
(b) 何が解明的かについての考えは人それぞれ違う。

このため、解明だけではあまりよい数学の体系化ツールにはならない。結局、数学をするのはたんに物事が真であることを自分で納得することではなく、重要なのは自分の頭の中の知識だけでなく私たちを取り巻く世の中の知識を発展させることである。

真理の円

次のように 3 種類の真理の間を動き回るという見地から、数学的な活動について説明しよう。

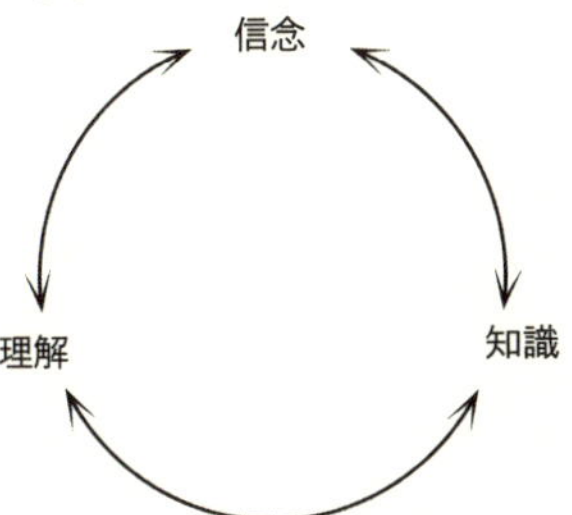

数学では、知識は証明から生まれる。何かが真であることを、それを証明することによって知るのである。たいてい私たちは、数学的手順を実行する大きな目的は定理を証明すること、つまり物事を「証明された」領域へ移すことだとと思っている。しかし、もっと重要な目的は物事を「信じられている」—— できるだけ多くの数学者から信じられている —— 領域へ移すことだと私は考えている。しかし、どうやってそれをすればいいのだろうか。私が何かを真だと証明したと

して、どのようにして私はそれを本当に信じるようになるのだろう。たんにその証明のステップをひとつひとつ追っていくのではなく、それを信じる解明的理由とでもいうものがあるように思えるのである。しかし、それを信じたとして、どうやってほかの誰かを納得させればいいだろう。そう、自分の証明を示すのである。

その証明によって、**自分の**信じることの世界から別の人の世界へ移ることができなくてはならない。

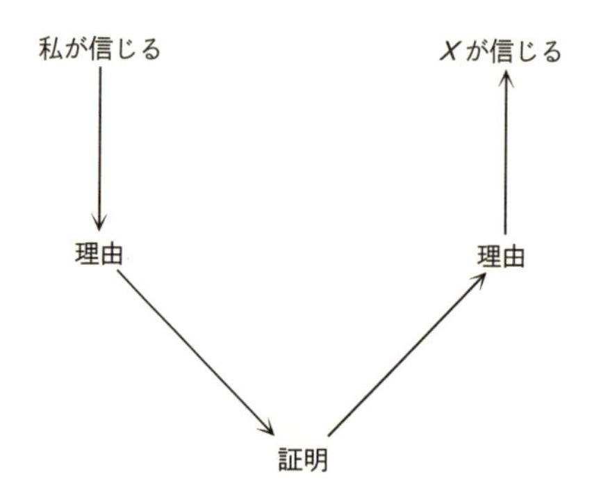

したがって、手順は次のようになる。

* まず、Xへ伝えたいと思う真理がある。
* それが真である理由を見つける。
* その理由を厳密な証明にする。
* この証明をXへ伝える。
* Xは証明を読んで、それを説得力のある理由にする。
* Xはそれからこの真理を自分が信じる真理の世界へ受け入れる。

じつは、これは真理の円というよりむしろ谷である。信念から信念へと直接飛ぼうとするのは望ましいことではない。みんな、人々が大声をあげることによって信念を直接伝えようとするのを見たことがあるだろう。このように信念を直接伝えることが非現実的なら、なぜ、

X に直接伝えるのは理由だけにして、理由を証明に変える部分と証明を理由に変える部分という、おそらくこのプロセスの中でもっとも難しいふたつの部分をなくしてしまわないのだろう。

答は、「理由」は証明より伝えるのが難しいからである。

証明がもつ非常に重要な特徴は、その絶対無謬性ではなく、伝えるときの堅牢性だと思う。証明は、あいまいさ、誤解、歪みの危険がないという点で、自分の主張を X に伝えるための最良の媒体である。証明はある人から別の人へ到達するための橋であるが、両側でいくらか変換作業が必要である。

私は誰かほかの人の数学的手順を読むとき、いつも書いた人が証明だけでなく理由も載せていてくれたらいいのにと思う。そうしてあったらメリットは非常に大きい。残念ながら、多くの数学が解明をまったく試みないで教えられている。さらに悪いことに、何も説明もせずに教えられていることもある。しかし、説明されていても、すべての説明が解明的なわけではない。たとえば、すでに言及したように、あなたが次のようなことをどうやって解けばよいか習ったとき、

$$x + 2 = 5$$

私と同じように、「2 を等号の反対側へ移すと、プラスがマイナスになる」と教えられたかもしれない。すると、

$$x = 5 - 2$$

したがって

$$x = 3$$

になる。これは正しいが何も明らかにしていない。なぜ、等号に関してそんなやり方が有効なのだろう？　これを教えるひとつの方法として、プラス記号を等号の反対側に移すと縦棒が動かないので、＋が－になるというのもあるらしい。これはかなり不合理な教え方で、それならマイナス記号を移動させるとどうなるのかということになる。解

明にはほど遠い説明である。

少なくともイギリスとアメリカでは、多くの人が数学に対して強い嫌悪を感じながら成長するが、それはおそらく学校で数学が、信じることになっている一連の事実と従わなければならない一連の規則として教えられるせいだろう。

あなたはなぜと尋ねることにはなっておらず、間違っているときは、あなたは間違っているで話は終わる。信念と法則の間にある重要な段階、すなわち何かを明らかにするような理由は省略されている。明るく照らされた道は挫折することがずっと少なく、独裁的でなく、怖くない。

しかし、あらゆる数学的手順につねに解明的な説明があるのだろうか。おそらくそんなことはなく、それは生活で起こるあらゆることに解明的な説明がないのと同じである。途方もないことだったりあまりに悲劇的だったりしてどんな説明もできないことも起こるのである。

圏論は数学を解明しようとする。じつは圏論は数学を解明する普遍的な方法と考えることができる。圏論は解明しようとし、それが圏論がしていることのすべてである。それが圏論の役割なのである。それが圏論にぴったり合うガラスの靴である。数学が世界のあらゆることを説明するわけではないのと同じように、私は圏論で数学のあらゆることを説明できると主張しているわけではない。

数学は、この「国」の国民、つまり小学生や中高生にとって独断的に思える、厳しい強固なルールをもつ独裁国家のようなものかもしれない。小学生はルールに従おうとするのだが、ルールを破ったと突然いわれることがある。彼らはそれをわざとやったわけではない。数学の問題で間違いをした生徒はたいていそれを故意にやったわけではなく、正しい答だと本当に思っていたのである。そしてそれでも、彼らは法則を破ったといわれ、罰を受ける —— ×印をつけられると彼らには罰のように感じられる。おそらく、何を間違ったか彼らに十分に説明されることは決してなく、彼らにとって本当に納得できるような解明的なやり方で説明されることもない。その結果、彼らは次にいつルールを破ったのを見つかるかわからず、不安でびくびくすることになる。結局、彼らはただただ、もっと「民主的な」ところ、多くの異なる見方が認められる科目へ逃げ出したくなるのである。

＊＊＊

「知識は力」などと格言はいう。しかし、理解することはもっと大きな力になる。今は、知識が、少数の人々だけが解読できる、神秘に包まれた本で伝えられる秘密だった時代とは違う。少ししか本がなく、読み方を知っている人でさえ本を所有する人々のなすがままだった時代、知識を求める学生は、大きな声で本を読んで聞かせてくれる人、すなわち「講師（レクチャラー）」のまわりに集まらなければならなかった時代とは違う──「レクチャー」という言葉が、聴衆の前でもったいぶって話す行為ではなく読む行為に由来することを思い出してほしい。とにかく、今はそんな時代ではない。

今はいたるところに情報がある時代である。識字率にはまだ向上の余地があるが、たいていの大人が文字を読むことができ、彼らの大多数がインターネットを利用できる国もある。私たちの多くが、実質的にいつもポケットにインターネットを入れている。知識はもはや秘密ではない。だが、理解は、少なくとも数学に関しては、まだ秘密が守られている。あらゆるレベルの学生がルールを示されるが、その理由については闇の中に閉じ込められている。私たちは子どもになぜと問うよう勧めるが、あるところまでにすぎず、それはそこを過ぎると自分でも理解していないかもしれないからである。このため私たちは解明しようと追究する子どもをやめさせて、自分自身が明かりを与えてやれないのに合わせる。闇を恐れるのではなく、その縁へみんなを連れていって、「ほら！　明かりを必要としている領域だ」というべきだ。そして、火、たいまつ、ろうそく──光を放つだろうと思えるものなら何でもよい──をもってくるのだ。そうしたら、基礎を固めて大きな建物を築き、病気を治し、信じられないような新しい機械を発明し、ほかにも人類がすべきだと思うことを何でもすることができる。

しかし、まずはいくらか光が必要だ。

謝辞

非常に多くの人々に深く感謝しており、誰かを除外するより、まったく誰にも謝意を表さない方がよいのではないかと思い始めているくらいだが、おそらくそれは論理を極端化しているのであり、私が主張するやり方ではない。

したがって、まず、友人たちと協力してくれた圏論の研究者たちに感謝する。彼らとの会話は、数学的なものもそうでないものも、ずっと発想と刺激の源だった。なかには、本書の中でそれとなく礼を述べているところがわかってもらえる人もいるだろう。私の仕事に大きな関心を寄せてくれて、類比（アナロジー）、事例、専門的でないことを通して説明する練習を何年もさせてくれた、数学者以外の友人たちにも感謝したい。

名前を記した場合も記していない場合もあるが、本書で私が言及した興味深い出来事や人生に関する洞察に満ちた言葉は、友人や家族が話してくれたことである。母、父（ベーグル、スリンキー、結び目の写真も撮ってくれた）、妹、小さなおいのジャックとリーアム、ティエン＝ニン・テイ、ヌー・サロ＝ウィワ、ブランドン・フォーゲル、ジェームズ・マーティン、マイク・ミッチェル、セリア・コブ、カーラ・ローデ、マリーナ・クローニン、故フィリップ・グリアソン教授、ジェームズ・フレイザー、ジム・ドーラン、アマイア・ガバンチョ、そして本書の冒頭で引用した手紙を書いてくれた１年生のフランク・ルアンに感謝する。

何かを理解できなかったため私がそれをもっとうまく説明しなければならなかった私の生徒全員、代理人であるダイアン・バンクス、プロファイル社のニック・シーリンとアンドリュー・フランクリン、ベイシック・ブックスのTJ・ケラハーとララ・ハイマートに感謝したい。私の頭に霧がかかってきたときにいつも灯台になってくれたサラ・ガブリエルにも感謝する。そして、ジェイスン・グルーネバウムとオリバー・カマーチョには愛をありがとうといいたい。

第５章は、トーラスの概念に非常に感動したというグレゴリー・ピーブルズに捧げる。

最後に、シカゴのレストラン、ザ・トラベルのふたりのケビン、ナタリー、スラバ、ライアン、ティムには最終的な編集をしているときに私の栄養状態を保ってくれたことを、すべての小さな子どもたちには世界を明るくしてくれたことを、そしてそのほかみんなに感謝したい。

これで全員だと思う。

訳者あとがき

本書の著者ユージニア・チェンはシェフィールド大学の純粋数学のシニアレクチャラー（上級講師）である。そんな偉い学者の書いた数学の本なんて「とてもとても……」と思ったあなた、ちょっと待って！彼女は、世の中から数学恐怖症をなくすことを自らの使命と考え、あらゆる年齢の人にわかりやすく説明するのが得意だと自負しているのだ。

インターネットで「Eugenia Cheng」で動画検索をしてみてほしい。YouTubeに彼女のレクチャーが何本もアップロードしてあり、「元気なお姉さん」が実際にケーキを切ったりパイを作ってみせたりしながら、数学的な考え方とはどんなものか伝えている。なかには本格的な講義もあるが、そこでも途中でピアノを弾いてみせている（彼女はピアニストでもある）。そして本書には、そうやって説明してきたさまざまな「数学とは何か」が詰まっている。

「数学嫌いになるのはなぜか」を十分に理解していて、それをなくそうと奮闘している数学者から数学とは何か教えてもらう機会など、そうそうあるものではない。少しでも数学に興味がある方、好きなお菓子を用意して（きっと食べたくなるので）、楽しい数学の世界へどうぞ。

2016年1月

上原ゆうこ